机械可靠性设计与应用

杨瑞刚　编著

北　京
冶　金　工　业　出　版　社
2009

内容简介

本书从工程实用的角度，全面系统地介绍了机械可靠性设计的理论及方法。内容包括：可靠性定义及其特征量、可靠性数学基础、可靠性设计原理、系统可靠性设计与分析、故障树分析法、模糊可靠性计算方法、钢结构系统可靠性分析及其应用。

本书可供从事机械产品设计、制造、试验、使用及管理的工程技术人员参考，同时也可作为本科生的教材或参考书。

图书在版编目(CIP)数据

机械可靠性设计与应用/杨瑞刚编著. —北京：冶金工业出版社，2008.4(2009.1 重印)

ISBN 978-7-5024-4501-0

Ⅰ.机… Ⅱ.杨… Ⅲ.机械设计：可靠性设计 Ⅳ.TH122

中国版本图书馆 CIP 数据核字(2008)第 036642 号

出 版 人 曹胜利

地　　址 北京北河沿大街嵩祝院北巷 39 号，邮编 100009

电　　话 (010)64027926 电子信箱 postmaster@cnmip.com.cn

责任编辑 李培禄 美术编辑 张媛媛 版式设计 张 青

责任校对 白 迅 责任印制 李玉山

ISBN 978-7-5024-4501-0

北京百善印刷厂印刷；冶金工业出版社发行；各地新华书店经销

2008 年 4 月第 1 版，2009 年 1 月第 2 次印刷

850mm×1168mm 1/32；6.125 印张；161 千字；183 页；2501-4500 册

20.00 元

冶金工业出版社发行部 电话：(010)64044283 传真：(010)64027893

冶金书店 地址：北京东四西大街 46 号(100711) 电话：(010)65289081

（本书如有印装质量问题，本社发行部负责退换）

前　言

随着科学技术的不断发展，在设计领域，可靠性技术日益受到各行各业人们的关注。目前，可靠性技术已经成为科研和生产不可缺少的内容。

可靠性工程是以产品寿命特征为研究对象的一门新兴的边缘学科。可靠性理论在许多领域都得到广泛的发展和应用，并成为产品设计、生产和管理的质量指南，可靠性也日渐成为工科学生学习的内容。

本书共分为 7 章。第 1 章介绍了可靠性的基本概念、定义、基本特征等。第 2 章介绍了可靠性的数学基础以及常用概率分布。第 3 章介绍了可靠性的基本原理及干涉模型、设计变量的统计原理与方法。第 4 章介绍系统可靠性设计与分析，从系统的角度进行可靠性预测和可靠性分配。第 5 章主要介绍故障树分析的有关内容以及故障树的定量分析与定性分析。第 6 章主要介绍模糊可靠性方法。第 7 章是作者近几年来的有关复杂钢结构可靠性的应用实例的研究结果。

在编写过程中，参阅了大量文献并引用了部分文献的研究成果，特此向相关作者致谢。同时还得到了布志坤同志的大力帮助，在此谨致谢意。

本书的主要读者对象是工科本科生，也可供工程技术人员和科研人员参考。限于水平，不妥之处，热忱希望广大读者批评指正。

作　者

2008 年 1 月于太原

目　录

1 绪　论

可靠性是一门新兴的工程学科，是研究产品全寿命过程中故障的发生原因、发展规律，达到预防故障、降低故障率、提高产品质量的目的的工程技术。

1.1 研究可靠性的重要意义

随着科学技术的发展，产品质量的含义也在不断地扩充。以前产品的质量主要指产品的性能，即产品出厂时的质量，而现在产品的质量已不仅仅局限于产品的性能这一指标。目前，产品质量的定义是：满足使用要求所具备的特性，即适用型。这表明产品的质量首先是指产品的某种特性，这种特性反映着用户的需求。概括起来产品质量特性包括：性能、可靠性、经济性和安全性四个方面。性能是产品的技术指标，是出厂时（$t=0$）产品应具有的质量特性，显然，能出厂的产品就应满足性能指标；可靠性是产品出厂后（$t>0$）所表现出来的一种质量特性，是产品性能的延伸和扩展；经济性是在确定的性能和可靠性水平下的总成本，包括购置成本和使用成本两部分；安全性则是产品在流通和使用过程中保证安全的程度。

在上述产品质量特性所包含的四个方面中，可靠性占主导地位。性能差，产品实际上是废品；性能好，也并不能保证产品的可靠性水平高。反之，可靠性水平高的产品在使用中不但能保证其性能的实现，而且故障发生的次数少，维修费用及因故障造成的损失也少，安全性也随之提高。由此可见，产品的可靠性是产品质量的核心，是生产厂家和用户努力追求的目标。

在我国加入 WTO 之后，我国的经济要与国际接轨，我国的企业将参与国际市场的竞争，进入国际经济的大循环圈，这是经济发展的必然趋势。用户不仅要求产品性能好，更重要的是要求产品的可靠性水平高，这是产品占领市场的关键。美国人曾预言：今后只有那些具有高可靠性指标的产品及其企业，才能在日益激烈的国际贸易竞争中幸存下来。而日本人则断言：今后产品竞争的焦点是可靠性。因此，产品的质量尤其是产品的动态质量（可靠性）就显得尤为重要。

另外，研究产品可靠性的意义还在于产品责任法的建立。在美国等技术发达国家的产品责任法中规定：只要是因产品缺陷、故障对用户造成的损失，制造者要承担法律和经济责任。据 1975 年美国《质量进展》杂志，由于产品责任向用户请求赔偿金额达 50 亿美元。在产品责任法中同时还规定：如果制造者能出示进行了可靠性设计和可靠性保证等活动的资料证明，可以排除责任。从这点也可看出研究产品可靠性的重要意义。

1.2 机械可靠性学科发展历史回顾

可靠性概念的诞生可以追溯到 1939 年。当时美国航空委员会提出了飞机事故率的概念，这可能是最早的可靠性指标。在第二次世界大战期间，战争迫切需要对飞机、火箭及电子设备的可靠性进行研究。1944 年德国在 VI 火箭的研制中，提出了火箭系统的可靠性等于所有元器件可靠度乘积的理论，这是最早的系统可靠性理论。20 世纪 50 年代初期，美国为了发展军事的需要，投入了大量的人力、物力对可靠性进行研究，先后成立了“电子设备可靠性专门委员会”、“电子设备可靠性顾问委员会（AGREE）”等研究可靠性问题的专门机构。1957 年 6 月 4 日，美国的“电子设备可靠性顾问委员会”发布了《军用电子设备可靠性报告》，这就是著名的“AGREE”报告。这一报告提出了可靠性是可建立的、可分配的及可验证的，从而为可靠性学科的发展提出了初步框架。“AGREE”报告是可靠性工程学发展的奠基性文件。

20 世纪 50 年代，苏联为了保证人造地球卫星发射与飞行的可靠性，开始了可靠性的研究工作。同一时期，日本企业家也认识到，产品要在国际市场的竞争中取胜，必须进行可靠性的研究。1958 年日本科学技术联盟成立了“可靠性研究委员会”，专门对可靠性问题进行研究。

1961 年，苏联发射第一艘有人驾驶的宇宙飞船时，对宇宙飞船安全飞行和安全返回地面的可靠性提出了 0.999 的概率要求，可靠性研究人员把宇宙飞船系统的可靠性转化为各元器件的可靠性进行研究，取得了成功，满足了对宇宙飞船系统提出的可靠性要求。从此，苏联对可靠性问题展开了全面深入的研究。20 世纪 60 年代是美国航空航天事业迅速发展的时期，美国“国家航空航天管理局(NASA)”和美国国防部接受并发展了 20 世纪 50 年代由“AGREE”发展起来的可靠性设计及实验方案。

20 世纪 70 年代，各种各样的电子设备或系统广泛应用于各科学技术领域、工业生产部门以及人们的日常生活中，电子设备的可靠性直接影响着生产效率和设备寿命以及人员的生命安全，对可靠性问题的研究显得日益重要。同时，人们也开始了对非电子设备(如机械设备)可靠性的研究，以解决已有的电子设备可靠性设计和计算模型应用到非电子设备时受到限制和结果不理想的问题。在 20 世纪 70 年代，计算机软件可靠性的理论获得很大发展。一方面提出了数十种软件可靠性模型，另一方面对软件容错的问题也有了深入研究。

机械可靠性是可靠性学科的一个重要组成部分。对结构可靠性设计理论和方法的研究可以追溯到 20 世纪 40 年代。A. M. Freudenthal 教授是早期从事结构可靠性研究的代表人物之一。1947 年在文献中，他提出了用于构件静强度可靠性设计的应力-强度干涉模型，利用该模型可以进行构件的可靠性设计。在此之后的二十几年中，他在结构可靠性与风险率的分析以及疲劳与断裂的研究等方面一直处于领先地位，发表了很多具有代表性的论著。

由于影响机械设备和系统可靠性的因素太多，难以控制，而且产品的批数量较少，试验费用较大，所以机械可靠性设计在 20 世纪 50～60 年代没能全面展开，概率设计仍处于摇篮时期。尽管如此，从事可靠性研究的学者还是做了大量的工作，有些文献给出了常用应力、强度分布的各种组合下可靠性的计算公式，并对一些难于解析的可靠性计算公式给出了数表供设计时使用。E. B. Hauge 创造了统计代数运算，为可靠性设计的应用奠定了理论基础。1975 年，E. B. Haugen 等在《Machine Design》杂志上连续发表了关于机械可靠性设计理论及应用方面的论文，列举了很多应用实例。

疲劳破坏是机械零件的主要失效形式之一，据统计约有 80％的零件失效都是疲劳破坏，因此对疲劳问题的研究受到广泛的重视。从 20 世纪 60 年代开始，F. B. Smlen、D. Kececioglu 和 A. M. Freudenthal 将应力-强度干涉模型用于疲劳强度的可靠性设计中。在 70 年代前后，D. Kececioglu、E. B. Haugen 等人提出了一整套基于干涉模型的疲劳强度可靠性设计方法，并在工程上得到广泛的应用。1980 年，E. B. Haugen 出版了比较全面的概率机械设计专著。正像 E. J. Henley、H. Kumamoto 指出的那样，在 20 世纪 70 年代，除了计算机和环境科学之外，可靠性、安全性和风险估计是发展较快的应用科学之一。

美国在 20 世纪 70 年代将可靠性技术引入汽车、发电设备、拖拉机和发电机等机械产品中。80 年代，美国 Rome 航空发展中心专门做了一次非电子设备可靠性应用情况的调查分析，指出了非电子设备的可靠性设计非常困难。美国国防部可靠性分析中心(RAC)收集和出版了非电子零部件的可靠性数据手册。

日本以民用产品为主，大力推进机械可靠性的应用研究。在日本科技联盟中设有一个机械工业的可靠性分科会，由企业的可靠性推进人员和院校教授组成。日本可靠性的研究主要强调实用，这就大大地促进了日本机电产品可靠性水平的提高。

前苏联对机械可靠性的研究十分重视，在其 20 年的科技规划中，将提高机械产品的可靠性和寿命作为重点任务之一，并制定了很多以机械产品为主的国家标准，用以推进可靠性技术的应用。

我国的可靠性工作起步并不晚,20 世纪 50 年代就建立了温热带环境暴露试验机构,1972 年在此基础上建立了我国的电子产品可靠性与环境试验研究所。20 世纪 70 年代,我国重点工程的需要,以及消费者对提高家用电器等产品质量的强烈需求,对各行各业的可靠性研究工作起到了巨大的推动作用。从 1973 年起,原国防科工委和原电子工业部为了解决国家重点工程元器件的可靠性问题,多次召开有关提高可靠性的工作会议。1978 年提出《电子产品可靠性“七专”质量控制与反馈科学实验》计划,并组织实施。经过十余年努力,使军用元器件可靠性提高了两个数量级,保证了运载火箭、通信卫星的连续发射成功和海底通信电缆的长期正常运行。1978 年,国家计划委员会、电子工业部及广播电视总局陆续召开了有关提高电视机质量的工作会议,对电视机等产品明确提出了可靠性指标和安全性要求,组织全国整机及元器件生产厂家开展了大规模的、以可靠性为重点的全面质量管理。在 5 年的时间里,使电视机平均故障间隔时间提高了一个数量级,配套元器件使用可靠性也提高了 1～2 个数量级。

20 世纪 80 年代,可靠性研究继续朝广度和深度发展,中心内容是实现可靠性保证。1985 年,美国军方提出在 2000 年实现“可靠性加倍,维修时间减半”的新目标,并付诸实施。同期,我国在电子行业积极开展可靠性质量管理的普及工作,组织编写可靠性普及教材,在原电子工业部内普遍开展可靠性教育,形成了一批研究可靠性的骨干队伍;1984 年组建了全国统一的电子产品可靠性信息交换网,并颁布了 GJB 299—87《电子设备可靠性预计手册》,有力地推动了我国电子产品可靠性工作;同时还组织制定了一系列有关可靠性的国家标准、国家军用标准和专业标准,使可靠性管理工作纳入标准化轨道。

1991 年海湾战争的“沙漠风暴”行动和科索沃战争表明,未来战争是高技术的较量。现代化技术装备中采用了大量的高新技术,极大地提高了系统的复杂性,为了保证装备的完好性、任务的成功性以及减少维修人员和费用,可靠性研究范围将大大扩展,也需要更加严密的可靠性管理体系。

综上所述，可靠性工程的诞生、发展是社会的需要，与科学技术的发展，尤其与电子技术的发展是分不开的。虽然工程可靠性起源于军事领域，但从它的推广应用和给企业与社会带来的巨大经济效益的事实中，人们更加认识到提高产品可靠性的重要性。世界各国纷纷投入大量人力、物力进行研究，并在更广泛的领域里推广应用。

总之，可靠性活动贯穿于产品的全寿命过程中，设计、生产、管理三者不可偏废。

1.3 可靠性学科研究的范畴

可靠性学科就是定量地研究产品动态质量问题的一个学科。它为推动产品的设计、分析的现代化提供了必要的理论基础和分析方法。可靠性学科所包含的内容相当广泛，大致包含可靠性数学、可靠性物理（失效分析）、可靠性工程三个方面。

1.3.1 可靠性数学

可靠性数学主要是研究解决各种可靠性问题的数学模型和数学方法，它属于应用数学的研究范畴。它的涉及面非常广，主要内容是概率论和数理统计、随机过程、运筹学、模糊数学等。需要说明的是：随着可靠性学科的发展，可靠性数学已不是简单地应用现有的数学知识，而是在此基础上有了更广泛、更深入的研究，已经成为一门相对独立的数学。

1.3.2 可靠性物理

可靠性物理（失效分析）是研究失效现象及其机制和检测方法的学科。它是新发展起来的元器件失效分析技术，着重于从微观角度出发，研究元器件的失效发展过程和失效机理，以采取纠正措施，提高可靠性。美国 Rome 航空发展中心（RADC）于 20 世纪 60 年代初首先进行失效物理的研究，发展失效分析方法和技术，研究各种元器件的失效机制及失效模式，建立各种器件及材料失效的数学及物理模型。

1.3.3 可靠性工程

可靠性工程包括系统可靠性分析、设计、评价和使用，贯穿于从产品设计直到产品退役的整个寿命周期。其主要内容是：运用系统工程的观点和方法论从设计、生产和使用等角度来研究产品的可靠性，并对产品可靠性进行控制，是一门综合性的工程学科。

可靠性工程是对产品（零件、部件、设备或系统）的失效现象及发生概率进行分析、预测、试验、评定和控制的边缘性工程学科。它的发展与概率论和数理统计、运筹学、系统工程、环境工程、价值工程、人机工程、计算机技术、失效物理学、机械学、电子学等学科有着密切的联系。需强调指出的是可靠性工程不仅重视技术，也非常重视管理。可靠性管理包括设计、生产和使用过程的管理，即全过程、全寿命期的管理。具体的可靠性管理包括制定可靠性计划、组织可靠性设计评审、进行可靠性认证、制定可靠性标准、确定可靠性指标等。

可靠性工程研究的对象包括电子和电气的、机械和结构的、零件和系统的、硬件和软件的可靠性设计、试验和验证。广义的可靠性包括维修性和有效性（可用性）。

可靠性活动存在于产品的整个寿命期内，大体分为以下几个阶段：

（1）可靠性设计阶段。此阶段的主要工作是根据用户需要，定出对产品的可靠性要求。制定可靠性要求时要考虑到现有产品的可靠性状态、现有技术水平、产品费用、功能、使用环境等各种因素。

可靠性设计的主要内容应包括：实现可靠性指标的方法、途径与组织措施。要制定出实施计划、质量控制计划、可靠性验证试验规划、人员培训计划及可靠性数据管理计划等，并要有检查计划实施情况的手段。

(2) 工程开发阶段。此阶段的主要任务是在基础研究和探索新技术应用的基础上形成各种可供选择的方案；提出有效措施，设计和建造样机并对样机进行严格的试验与鉴定；估计出生产和使用的费用，为生产和使用提供所需的全部资料。

(3) 批生产阶段。在生产过程中进行可靠性控制，以保证产品的可靠性和维修性达到设计要求。

(4) 使用阶段。产品的使用阶段应包括产品的贮存、运输、定期检查、使用前的准备工作、按规定用途使用和维修等所有活动。此阶段的基本任务就是保持产品的可靠性，提高产品的维修性和有效性。

应该指出的是，产品的可靠性是设计出来、生产出来、管理出来的。在产品整个寿命期内可靠性工程的活动有两个并行的过程：一是工程技术过程，主要是在设计、制造时使产品具有规定的固有可靠性；二是可靠性管理，在产品的使用周期内，设法维持产品的固有可靠性，提高产品的维修性和有效性。

1.4　可靠性定义及其特征量

首先讨论几个经常用到的术语——可修系统、不可修系统、产品失效和产品寿命。

系统可分为可修系统与不可修系统两大类。所谓不可修系统，是指系统或其组成单元一旦发生失效，不再修复，系统处于报废状态，这样的系统称为不可修系统。不可修是指技术上不能够修复，经济上不值得修复，或者一次性使用，没有必要进行修复。可修系统是指系统的组成单元发生故障后，经过维修能够使系统恢复到正常工作状态。维修的含义是广泛的，可以是更换，也可以是修理等等。

产品丧失规定的功能，对不可修复产品一般称为失效，对可修产品一般称为故障。在英语中故障和失效都用一个词“Failure”表示，习惯上，对二者没有严格的区分，一些文献在讨论不可修产品可靠性时，也常常使用故障、故障率等概念。

产品在规定条件下,规定时间内不能完成规定的功能,则称为该产品失效。根据此定义,一个产品是否处于失效状态,与其各项规定功能有关。例如,一个产品在某一个标准下是处于失效状态,而在另一个较低的标准下很可能就处于正常工作状态。

产品在工作中常常由于偶然因素而发生失效,对一件产品而言,在哪一时刻失效,是无法事先预知的,因此失效是一个随机事件。但是大量随机事件中包含着一定的规律,偶然事件中包含着必然性。虽不能确知某一个产品发生失效的时刻,但是可以估计产品在某一时刻发生失效的概率。

对于一个产品而言,只能是处于工作状态或处于失效状态,二者必居其一,两者为互逆事件。如果用 A 表示产品处于工作状态,用$\overline{A}$表示产品处于失效状态,则该产品的两种状态关系可以表示为:

$$\begin{cases} A \cdot \overline{A}=0 \\ A+\overline{A}=1 \end{cases} \tag{1-1}$$

第一个关系式描述了产品不可能同时既是工作状态又是失效状态的逻辑关系;第二个关系式则表示了产品处于工作状态或处于失效状态,二者必居其一的逻辑关系。

假设产品发生失效的概率为 $P(A)$,则不发生失效的概率为 $1-P(A)$,即

$$P(A)=1-P(A) \tag{1-2}$$

在前面讨论中我们知道,产品有两类,一类是不可修产品。一类是可修产品,对两类不同的产品,关于寿命有不同的定义:对不可修产品是指发生失效前的工作时间;对可修产品是指相邻两次故障之间的工作时间,这时也称故障间隔工作时间。

任何产品,即使是同类产品也都有各自不同的寿命,它们寿命的长短只有经过一定的试验或者使用以后方可知道,所以寿命是一个随机变量,一般用时间 T 来表示。

1.4.1 可靠性的定义

按照国家标准规定，对于不可修系统，可靠性的基本定义是：产品在规定的条件下和规定的时间区间内，完成规定功能的能力。

理解这一定义应注意下列几个要点：

(1) “产品”指作为单独研究和分别试验对象的任何元件、零件、部件、设备、机组等，甚至还可以把人的因素也包括在内。在具体使用“产品”这一词时，必须明确其确切含义。

(2) “规定的条件”一般指的是使用条件、维护条件、环境条件、操作技术，如载荷、温度、压力、湿度、振动、噪声、磨损、腐蚀等。这些条件必须在使用说明书中加以规定，这是判断发生故障时有关责任方的关键。

(3) “规定的时间区间”，可靠度随时间的延长而降低，产品只能在一定的时间区间内才能达到目标可靠度。因此，对时间的规定一定要明确。需要指出的是这里所说的时间，不仅仅指的是日历时间，根据产品的不同，还可能是与时间成比例的次数、距离等，如应力循环次数、汽车的行驶里程等。

(4) “规定的功能”，首先要明确具体产品的功能是什么，怎样才算是完成规定的功能。产品丧失规定的功能称为失效，对可修复产品也称为故障。怎样才算是失效或故障，有时是很容易判定的，但更多的情况是很难判定的。例如，对于某个齿轮，轮齿的折断显然就是失效；但当齿面发生了某种程度的磨损时，对某些精密或重要的机械来说该齿轮就是失效，而对某些机械并不影响正常运转，因此就不能算失效。对一些大型设备来说更是如此。因此，必须明确地规定产品的功能。

(5) “能力”只是定性的分析是不够的，应该加以定量的描述。产品的失效或故障具有偶然性，一个确定的产品在某段时间的工作情况并不能很好地反映该种产品可靠性的高低，应该观察大量该种产品的运转情况并进行合理的处理后才能正确反映该种产品的可靠性。因此，这里所说的能力具有统计学的意义，需要概率论和数理统计的方法来处理。

1.4.2 可靠性的特征量

所谓可靠性的特征量，是用来描述产品总体可靠性高低的各种可靠性数量指标的总称。可靠性特征量的真值是理论上的数值，实际中是不知道的。根据样本观测值，经一定的统计分析可得到特征量的真值的估计值。此估计值可以是点估计，也可以是区间估计。按一定的标准给出具体定义而计算出来的特征量的估计值称为特征量的观测值。

这些特征量具有如下特点：

(1) 用数值简单而明确地表达和判定产品的可靠性、维修性和有效性。

(2) 能用数学方法表达特征量之间的关系，方便地获取所需要的结果。

(3) 能够揭示影响产品可靠性的各种因素和描述它们的影响程度。

(4) 能充分利用产品的各种数据。

不同特征量的用途各有所不同，在不同的情况下，产品的可靠性可以用不同的特征量来表示。

常用的可靠性特征量有可靠度、累积失效概率(或不可靠度)、平均寿命、可靠寿命、失效率等。

1.4.2.1 可靠度

可靠度是产品在规定的条件下和规定的时间区间内，完成规定功能的概率，一般记为 R，由于它是时间的函数，故也记为$R(t)$，称为可靠度函数。

如果用随机变量 r 表示产品从开始工作到发生失效或故障的时间，概率密度为 $f(t)$，则该产品在某一指定时刻 t 的可靠度为：

$$R(t) = P(T > t) = \int_t^{\infty} f(t)\mathrm{d}t \tag{1-3}$$

对于不可修复产品，可靠度的观测值是指直到规定的时间区

间终了为止，能完成规定功能的产品数 $N_s(t)$ 与在该区间开始时投入工作的产品数 N 之比，即

$$\hat{R}(t)=\frac{N_s(t)}{N}=1-\frac{N_f(t)}{N} \tag{1-4}$$

式中　$N_f(t)$——到 t 时刻未完成规定功能的产品数。

对可修复产品，可靠度观测值是指一个或多个产品的无故障工作时间达到或超过规定时间的次数与观测时间内无故障工作的总次数之比，即

$$\hat{R}(t)=\frac{N_s(t)}{N} \tag{1-5}$$

式中　N——观测时间内无故障工作的总次数，每个产品的最后一次无故障工作时间若未超过规定时间则不予计入；

$N_s(t)$——无故障工作时间达到或超过规定时间的次数。

上述可靠度公式中的时间是从零算起的，实际使用中常需知道工作过程中某一段执行任务时间的可靠度，即需要知道已经工作 t_1 后再继续工作 t_2 的可靠度。

从时间 t_1 工作到 t_1+t_2 的条件可靠度称为任务可靠度，记为 $R(t_1+t_2|t_1)$。由条件概率知：

$$R(t_1+t_2|t_1)=P(T>t_1+t_2|T>t_1)=\frac{R(t_1+t_2)}{R(t_1)} \tag{1-6}$$

根据样本的观测值，任务可靠度的观测值为：

$$\hat{R}(t_1+t_2|t_1)=\frac{N_s(t_1+t_2)}{N_s(t_1)} \tag{1-7}$$

由可靠度的定义，$R(t)$ 具有以下性质：

(1) $R(t)$ 为时间的递减函数。

(2) $0\leqslant R(t)\leqslant 1$。

(3) $R(0)=1, R(\infty)=0$。

1.4.2.2 累积失效概率

累积失效概率是产品在规定的条件下和规定的时间区间内未完成规定功能(即发生失效)的概率,也称为不可靠度,一般记为 F 或 $F(t)$。

因为完成规定功能与未完成规定功能是对立事件,按概率互补定理有:

$$F(t) = 1 = R(t) = P(T < t) = \int_{-\infty}^{t} f(t)\mathrm{d}t \tag{1-8}$$

累积失效概率的观测值可按概率互补定理得到,即

$$\hat{F}(t) = 1 - \hat{R}(t) \tag{1-9}$$

1.4.2.3 平均寿命

平均寿命是寿命的平均值。对不可修产品,寿命是指它失效前的工作时间。因此,平均寿命的含义是指同类产品从开始使用直到失效前的工作时间的平均值,也称为平均故障前时间,一般记为 MTTF(mean time to failure);而对可修复产品则指平均无故障工作时间,一般记为 MTBF(mean time between failure)。它们都表示无故障工作时间 T 的数学期望 $E(T)$,或简记为 $\bar{t}$。

若已知 T 的概率密度 $f(t)$,则

$$\bar{t} = E(T) = \int_{0}^{\infty} tf(t)\mathrm{d}t \tag{1-10}$$

对于完全样本,即所有试验样品都观测到发生失效或故障时,平均寿命的观测值是指它们的算术平均值,即

$$\hat{\bar{t}} = \frac{1}{n}\sum_{i=1}^{n} t_i \tag{1-11}$$

1.4.2.4 可靠寿命和中位寿命

可靠寿命是指定的可靠度所对应的时间,一般记为 $t(R)$。

一般可靠度随着工作时间 t 的增大而下降。给定不同的 R,则有不同的 $t(R)$,即

$$t(R)=R^{-1}(R) \tag{1-12}$$

式中 R^{-1}——R 的反函数，即由 $R(t)=R$ 反求 t。

可靠寿命的观测值是能完成规定功能的产品的比例恰好等于给定可靠度 R 时所对应的时间。

指定 $R=0.5$，即 $R(t)=F(t)=0.5$ 时的寿命称为中位寿命，记为 $\tilde{t}$、$t_{0.5}$ 或 $t(0.5)$。

1.4.2.5 失效率和失效率曲线

A 失效率

对一件产品而言，随工作时间的增加，其可靠性是逐渐降低的，即该产品发生失效的概率是逐渐增加的。为了准确描述产品的这种可靠性特性，引入了失效率的概念。

定义：一个工作到时刻 t 尚未失效的产品，在 Δt 时刻以后的下一个单位时间内发生失效的概率，叫瞬时失效率，简称失效率，有时也称之为失效强度。它是时间 t 的函数，记作 $\lambda(t)$。

按上述定义，失效率为：

$$\lambda(t)=\lim_{\Delta t\to 0}\frac{1}{\Delta t}P(t\leqslant T\leqslant t+\Delta t|T>t) \tag{1-13}$$

它反映了 t 时刻产品失效的速率，也称为瞬时失效率。

失效率的观测值为在 t 时刻以后的下一个单位时间内发生失效的产品数目与工作到该时刻尚未失效的产品数目之比，即

$$\hat{\lambda}=\frac{\Delta N_{\mathrm{f}}(t)}{N_{\mathrm{s}}(t)\Delta t} \tag{1-14}$$

平均失效率是指在某一规定时间内失效率的平均值。例如，在 (t_1,t_2) 内失效率的平均值为：

$$\bar{\lambda}(t)=\frac{1}{t_1-t_2}\int_{t_1}^{t_2}\lambda(t)\mathrm{d}t \tag{1-15}$$

失效率的单位用单位时间的百分数表示。例如，$\% \cdot 10^{-3}\cdot \mathrm{h}^{-}$，可记为 $10^{-5}\cdot \mathrm{h}^{-1}$。失效率的单位也常取成 h^{-1}、km^{-1}、次$^{-1}$等。

B 失效率曲线

实际使用经验及试验结果表明，许多设备的失效率随时间的变化曲线有如图 1-1 所示的形状。这种曲线类似一个浴盆，故常常称为浴盆曲线，它是最典型的失效率曲线，也叫做故障率曲线。

设备的失效率 $\lambda(t)$ 随时间的变化可以分为 3 个阶段：早期失效期、偶然失效期和耗损失效期。

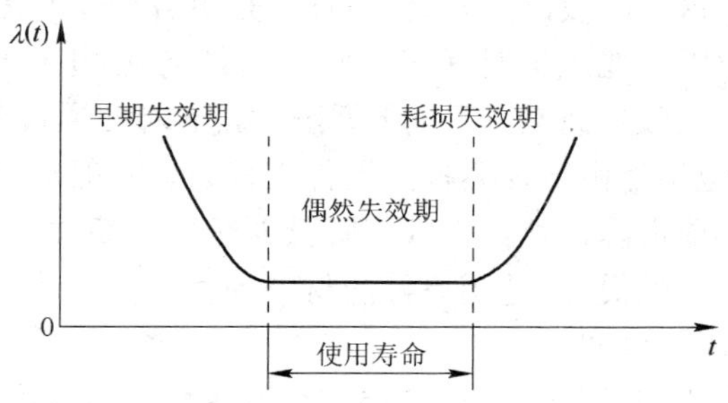

图 1-1 产品的典型失效曲线

a 早期失效期

早期失效出现在产品的试制阶段或产品投入使用的初期。其特点是失效率较高，且随时间的增加失效率迅速下降，呈递减型。早期失效主要是由于设计、制造上的错误，以及材料缺陷所引起的。例如，设计中选用的原材料有缺陷，结构不合理，制造工艺措施不当，生产设备的落后，操作人员粗心大意及质量控制检验不严格等，均有可能造成设备的早期失效。当采取修正设计、改进生产、进行元器件的老化筛选、加强质量控制等措施后，大量早期失效隐患会得以消除，早期失效率会得到有效降低。

除修正设计、改进生产之外，消除早期失效的有力措施是对大批元器件进行百分之百的筛选，挑出有隐患的次品，进行长时间内的功率老化，观察元器件特征，把性能差或失效的元器件挑出来。同时为确保排除早期失效或潜在失效，整机制成后还要进行“磨合”工作，使不合格的产品在出厂前就被剔除。

b　偶然失效期

偶然失效期又叫随机失效期。早期失效的产品被淘汰后，产品的失效率就会大体趋于稳定状态并保持长时间不变。其特点是失效率低而稳定，近似为常数，失效率与工作时间无关，或者随时间的增加仅仅略有增加。这一阶段是产品最好的工作期，其持续时间也比较长，所以也称做产品的使用寿命期。

产品在这一阶段的失效是随机的，是由各种偶然因素引起的。例如失效原因可能是长时间工作的元器件老化，也可能是错误的操作，因此，失效是偶然的不可预测的，既不能够通过延长“磨合”期来消除，也不能由定期更换元器件来预防。一般地说，再好的维护工作也不能消除偶然性失效。降低偶然失效期失效率的主要方法是改善产品的设计、选用更好的材料等。

c　耗损失效期

这是由于产品已经老化、疲劳、磨损、蠕化、腐蚀等所谓耗损的原因所引起的，故称为耗损失效期。耗损失效期出现在设备投入使用的后期。其特点刚好与早期失效期相反，失效率随时间的增长而上升，呈递增型。这个时期的失效是由于设备内部物理的或化学的变化，引起设备的某些元器件老化、耗损、疲劳，机件的磨损、腐蚀等使产品寿命衰竭而造成的。如陶瓷电容器介质的不可逆变化引起介电常数降低、绝缘电阻下降等等。

防止耗损失效的办法是进行预防性检修。当我们知道耗损期开始的时刻后，就可以在这一时刻之前更换接近耗损失效期的元器件，不让它工作到耗损失效期，失效率就不会急剧增加。但是最积极的办法则是努力发展长寿命的元器件，以延长产品的使用寿命期。

以上介绍的设备失效曲线是一般情况，但并不是所有的产品都具有这三个失效期。有些产品只具有其中的一个或两个失效期。而某些质量低劣的产品，偶然失效期很短，甚至早期失效期过后紧接着就是耗损失效期。对这样的产品进行任何可靠性筛选都是无济于事的。

掌握设备的失效规律是非常重要的。只有对失效规律有了全面的了解，才可以采取有效措施来提高设备的可靠性。例如，对没有早期失效期的产品就不能用筛选的办法，否则只能引起平均寿命的降低而不会带来任何好处。而对没有耗损失效期的产品，则可加强其筛选条件，以剔除早期失效的产品，提高产品可靠性。

可靠性研究虽然涉及上述三种失效类型或三个失效期，但是着重研究的是随机失效，因为它发生在产品的正常使用期。

1.4.2.6 修复率 $\mu(t)$

修复率是修理时间已达到某个时刻但尚未修复的产品，在该时刻后的单位时间内完成修理的概率，即

$$\mu(t)=\frac{n_s(\Delta t)}{n_f(t_i)\Delta t} \tag{1-16}$$

式中 $n_s(\Delta t)$——在时间增量 Δt 内的修理数；

$n_f(t_i)$——在时间增量 Δt 开始时（即 t_i 时刻）的未修复产品数。

1.4.2.7 平均修复时间（MTTR）

平均修复时间指的是修复时间的平均值。平均修复时间的测量值，按修复时间的总和与修理次数之比确定。

1.4.2.8 有效度（可用率）$A(t)$

有效度可以分为：瞬时有效度、平均有效度和稳态有效度。瞬时有效度 $A(t)$ 是指产品在某时刻具有或保持其规定功能的概率。平均有效度是指在某个规定时间区间内有效的平均值。当时间趋于无限时，瞬时有效度的极值称为稳态有效度，表示为 $\underset{t\to\infty}{A(t)}=A$。

有效度的观测值为某个时期内，产品能工作时间 t_U 与能工作时间 t_U 和不能工作时间 t_D 之和的比，表示为：

$$A(t)=\frac{t_U}{t_U+t_D} \tag{1-17}$$

产品不能工作时间包含了许多内容，如果只考虑修复时间，则有效度可表示为：

$$A(t)=\text{MTBF}/(\text{MTBF}+\text{MTTR}) \tag{1-18}$$

由式 1-18 可知，为了提高有效度，应尽可能使 MTBF 增大，使 MTTR 减小。

许多机械设备，如载重汽车、工程机械、发电设备等，习惯上把有效度称为可用率，意即设备或系统在任一时刻处于可用状态的概率。

1.4.2.9 可靠寿命 t_R

可靠寿命是指与规定的可靠度相对应的时间。

1.4.2.10 平均大修间隔 MTBO(mean time between overhauls)或平均维修间隔 MTBM(mean time between maintenances)

对于有些产品，如机电设备，一般采用有计划的定期预防维修，规定几年一次大修期，进行备件更换和设备调整等维修措施，这个指标就是 MTBO(或 MTBM)，也称平均大修寿命。大修周期的确定是个统筹学的问题，要根据大修的成本及设备故障频发的程度和损失而定。

1.4.2.11 经济尺度

经济尺度有许多种，可以根据需要采用比较适合的一种或几种。常用的经济尺度有：

(1) 费用比 CR=(年)维修费/购置费。

(2) (维修费+操作费)/动作时间。

(3) MTBF/成本。

(4) 寿命期总费用(Life Cycle Cost)。

1.4.2.12 可靠性特征量间的关系

可靠性特征量中 $R(t)$、$F(t)$、$f(t)$和 $\lambda(t)$是 4 个基本函数，只要知道其中的一个，则所有其他的特征量均可求得。它们之间的关系见表 1-1。

表 1-1 可靠性特征量中 4 个基本函数之间的关系

基本函数	$R(t)$	$F(t)$	$f(t)$	$\lambda(t)$
$R(t)$		$1-F(t)$	$\int_t^{\infty} f(t)\mathrm{d}t$	$\exp\left[-\int_0^t \lambda(t)\mathrm{d}t\right]$
$F(t)$	$1-R(t)$		$\int_0^t f(t)\mathrm{d}t$	$1-\exp\left[-\int_0^t \lambda(t)\mathrm{d}t\right]$
$f(t)$	$-\frac{\mathrm{d}R(t)}{\mathrm{d}t}$	$\frac{\mathrm{d}F(t)}{\mathrm{d}t}$		$\lambda(t)\exp\left[-\int_0^t \lambda(t)\mathrm{d}t\right]$
$\lambda(t)$	$-\frac{\mathrm{d}}{\mathrm{d}t}\ln R(t)$	$\frac{1}{1-F(t)}\times\frac{\mathrm{d}F(t)}{\mathrm{d}t}$	$\frac{f(t)}{\int_t^{\infty} f(t)\mathrm{d}t}$	

2 可靠性数学基础

2.1 可靠度计算的概率基础

2.1.1 随机事件的概率

随机事件可用集合来描述，而随机事件在一次试验中是否发生，我们虽然不能预先知道，但是它在一次试验中发生的可能性是有大小之分的，“事件的概率”就是对事件发生的可能性大小的数量描述。下面给出概率的统计定义。

假定在相同条件下进行 n 次重复试验，事件 A 发生了 k 次，则事件 A 发生的频率为：

$$f_A=\frac{k}{n}$$

当试验次数 n 趋向无穷时，上式频率的极限定义为事件 A 发生的概率，记为 $P(A)$，即

$$P(A)=\lim_{n\to\infty}f_A=\lim_{n\to\infty}\frac{k}{n}$$

显然事件 A 的概率具有以下两条性质：$0\leqslant P(A)\leqslant 1$；$\rho(\Omega)=1$；$\rho(\phi)=0$。

一般来讲，当试验次数 n 充分大时，常用下列近似公式：

$$P(A)\approx\frac{k}{n}$$

因此，任何一个事件的概率都可以用“大量重复试验”所得到的频率去解释它。

2.1.2 概率论的公理与事件的独立性

公理 1：

$$0 \leqslant P|X| \leqslant 1 \tag{2-1}$$

用$\overline{X}$表示非 X 事件，若 X 表示失效，则$\overline{X}$表示通过测试。显然，通过测试的概率 $P\{\overline{X}\}$必须满足概率论第 2 个公理（公理 2）。

公理 2：

$$P\{\overline{X}\}=1-P\{X\} \tag{2-2}$$

用 $X \cap Y$ 表示事件 X 和事件 Y 都发生，则显然有 $X \cap Y=Y \cap X$，X 和 Y 都发生的概率用 $P\{X \cap Y\}$表示。综合事件 $X \cap Y$ 可利用图 2-1 加以说明。设正方形的面积为1，则标明 X 和 Y 的圆

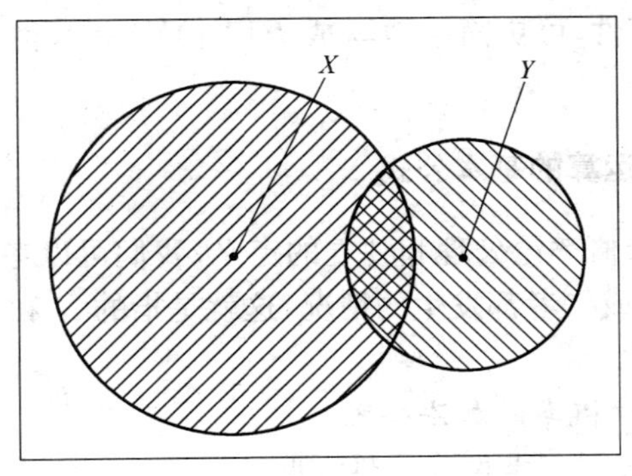

图 2-1 交集示意图

面积分别为概率 $P\{X\}$和 $P\{Y\}$，事件 X 和 Y 都发生的概率 $P\{X \cap Y\}$用斜线阴影部分的面积表示。由于这个原因是指 X 和 Y 的交，或简称为 X 与 Y，设一个事件，如 X 依赖于第 2 个事件 Y，则定义在给定事件 Y 时，事件 X 的条件概率为$\{X|Y\}$。概率论第 3 个公理是：

公理 3：

$$P\{X \cap Y\}=P\{X|Y\}P\{Y\} \tag{2-3}$$

式 2-3 表示 X 和 Y 都将发生的概率就是 Y 发生的概率乘以给定 Y 发生时 X 发生的概率。

两个或多个事件的独立性是随机事件间的一个重要性质，对

于独立事件，一个事件发生的概率不取决于另一个事件的发生或不发生，因此：

$$P\{X|Y\}=P\{Y\} \tag{2-4}$$

若 X 和 Y 为独立事件，则式 2-3 成为：

$$P\{X\cap Y\}=P\{X\}P\{Y\} \tag{2-5}$$

这就是独立的定义，即两个事件发生的概率就等于每个事件发生概率的乘积。这种情况也出现在互相排斥的事件中，即如果 X 发生，则 Y 不可能发生，反之亦然，则 $P\{X|Y\}=0$，且 $P\{Y|X\}=0$，或对于互斥事件，可更简单地写成 $P\{X\cap Y\}=0$，称为 X 与 Y 不相容。

2.1.3 概率运算的基本公式

有了三个概率论公理和独立的定义，我们可以考虑事件 X 或事件 Y 发生，或二者都发生的情况，这就是指的 X 和 Y 的并，或简写为 $X\cup Y$。

2.1.3.1 概率的加法公式

设 A 与 B 是任意两个事件，则

$$P(A+B)=P(A)+P(B)-P(AB) \tag{2-6}$$

特别地：

(1) 当 A 与 B 互不相容时，则

$$P(A+B)=P(A)+P(B) \tag{2-7}$$

(2) 若是 A 的对立事件，则

$$P(\overline{A})=1-P(A) \tag{2-8}$$

上式可以推广为若事件组 $A_1,A_2,\cdots,A_n$ 两两不相容，则

$$P(A_1+A_2+\cdots+A_n)=\sum_{k=1}^{n}P(A_k) \tag{2-9}$$

式 2-9 说明事件组 $A_1, A_2, \cdots, A_n$ 两两不相容时，和事件的概率等于各个事件概率的和。在可靠性工程中，失效概率 $P(A_i)$ 通常是很小的，数量级大约为 10^{-3} 或更小。

2.1.3.2 条件概率公式

条件概率是在事件 B 发生的条件下事件 A 的概率，记为 $P(A|B)$。由公理 3 可知，设 A 与 B 是任意两个事件，如果 $P(B)>0$，则在事件 B 发生的条件下，事件 A 发生的概率为：

$$P(A|B)=\frac{P(AB)}{P(B)} \tag{2-10}$$

由此可得下面的概率乘法公式。

2.1.3.3 概率乘法公式

设 A 与 B 是任意两个事件，则

$$P(AB)=P(B)P(A|B)\ (P(B)>0) \tag{2-11}$$

即积事件的概率等于一个事件的概率乘以另一个事件在已知前一个事件发生的条件下发生的概率。

乘法概率公式也可以推广到多个事件的情形。例如，对于 3 个事件 A、B、C，有

$$P(ABC)=P(A)P(B|A)P(C|AB) \tag{2-12}$$

若事件 A 与 B 相互独立，即事件 A 的发生不受事件 B 是否发生的影响，同样，事件 B 的发生也不受事件 A 是否发生的影响，此时有 $P(A|B)=P(A)$，$P(B|A)=P(B)$，故

$$P(AB)=P(A)P(B) \tag{2-13}$$

类似地，当事件组 $A_1, A_2, \cdots, A_n$ 相互独立时，有

$$P(A_1A_2\cdots A_n)=P(A_1)P(A_2)\cdots P(A_n) \tag{2-14}$$

即当事件组 $A_1, A_2, \cdots, A_n$ 相互独立时，积事件的概率等于各事件的概率之积。

2.1.3.4　全概率公式

如果事件组 $A_1, A_2, \cdots, A_n$ 满足：

(1) $A_1, A_2, \cdots, A_n$ 两两互不相容，且 $P(A_i)>0(i=1,2,\cdots,n)$；

(2) $A_1+A_2+\cdots+A_n=\Omega$。

我们称事件组 $A_1, A_2, \cdots, A_n$ 为一完备事件组，则对任一事件 B，则有：

$$P(B)=\sum_{i=1}^{n} P(A_i) P(B \mid A_i) \tag{2-15}$$

在实际应用中，如果能分析一个事件的发生是由几个原因之一引起的，或者说该事件的发生受到几种因素的影响，并且这几种原因或因素形成了一个完备组，那么可考虑使用全概率公式。只要知道了各种原因 A_i 发生条件下事件 B 发生的概率，该事件 B 的概率就可通过全概率公式求得。

如果已知各种原因的概率，设在随机试验中该事件 B 已发生，问在这个条件下，各种原因 A_i 发生原概率是多少？在可靠性工程中，已知某产品有 n 种故障模式 $A_1, A_2, \cdots, A_n$，知道各故障模式发生的概率 $P(A_i)$，现在该产品发生了故障，那么由故障模式 A_1 引起的概率是多少？在这 n 种故障模式中，最大可能的是哪种故障模式引起的？类似这样的例子，在理论和实际中经常遇到，解决这类问题的公式就是下面讲述的贝叶斯公式。

2.1.3.5　贝叶斯公式

设事件组 $A_1, A_2, \cdots, A_n$ 为一完备事件组，B 为任一事件，且 $P(B)>0$，则

$$P(A_j \mid B)=\frac{P(A_j) P(B \mid A_j)}{\sum_{i=1}^{n} P(A_i) P(B \mid A_i)} \tag{2-16}$$

贝叶斯公式告诉我们，条件概率可通过一系列概率求得，它反映了试验之后对各种原因发生可能性的大小。该公式在贝叶斯理论中占有十分重要的地位。

在可靠性工程中，$P(A_i)$可由过去的统计数据确定或由经验丰富的专家给出。利用当前样本 B 及贝叶斯公式，得到后验概率 $P(A_i|B)$，即在当前样本已经发生的条件下，事件 A_i 发生的概率。这就是说，贝叶斯公式综合了过去的先验信息和当前的样本信息。基于贝叶斯公式的贝叶斯理论已广泛地应用于各研究领域，特别是高可靠性小子样产品进行可靠性评估，用贝叶斯方法进行统计推断就比用经典方法优越。

2.1.3.6 容斥原理

设有 n 个任意集合 $A_1, A_2, \cdots, A_n$，用数学归纳法可以证明容斥原理公式，即

$$\begin{aligned}&|A_1 \cup A_2 \cup \cdots \cup A_n| = \sum_{i=1}^{n} |A_i| - \sum_{1\leqslant i\leqslant j\leqslant n} |A_iA_j| + \\ &\sum_{1\leqslant i\leqslant j\leqslant k\leqslant n} |A_iA_jA_k| \cdots \pm \sum_{1\leqslant i\leqslant j\leqslant \cdots \leqslant n} |A_1A_2\cdots A_n| \\ &= \sum_{i=1}^{n}\left[(-1)^{i-1} \sum_{1\leqslant j_1<j_2<\cdots\leqslant j_n} P_{\mathrm{r}}(M_{j1}M_{j2}\cdots M_{ji})\right] \qquad (2\text{-}17)\end{aligned}$$

式中，符号$|A|$表示集合 A 内的元素数目(假设它是可数的和有限的)。

同理可以证明任意事件 $M_1, M_2, \cdots, M_n$ 的并事件发生的概率为：

$$\begin{aligned}&P_{\mathrm{r}}(M_1 \cup M_2 \cup \cdots \cup M_n) \\ &= \sum_{i=1}^{n}\left[(-1)^{i-1} \sum_{1\leqslant j_1<j_2<\cdots\leqslant j_n} P_{\mathrm{r}}(M_{j1}M_{j2}\cdots M_{ji})\right] \qquad (2\text{-}18)\end{aligned}$$

2.2 失效分布函数及其特征量

2.2.1 失效分布函数

可靠性技术贯穿在产品的设计、制造、试验、使用和维修等整个过程中。对整个过程中各个阶段有关失效的各种信息、数据进行收集和分析是极其重要的。比如，在设计阶段收集并分析同类

零部件的失效信息数据，可以对新设计的零部件的可靠性进行预测，这种预测有利于方案的对比和选择。

令 $f(t)$ 为失效密度函数，累积失效函数为 $F(t)$，则有：

$$f(t)=\frac{\mathrm{d}F(t)}{\mathrm{d}t}=-\frac{\mathrm{d}R(t)}{\mathrm{d}t} \tag{2-19}$$

对该式积分得：

$$\int_0^\infty f(t)\mathrm{d}t=\int_0^\infty \frac{\mathrm{d}F(t)}{\mathrm{d}t}\mathrm{d}t=1 \tag{2-20}$$

即失效密度函数曲线下的总面积等于1。

对任意时间 t 的累积失效函数 $F(t)$ 为：

$$F(t)=\int_0^t f(t)\mathrm{d}t \tag{2-21}$$

其中，$R(t)=1-F(t)$

根据失效率定义，失效率函数 $\lambda(t)$ 可表示为：

$$\lambda(t)=\int_t^{t+1}\frac{f(t)}{R(t)}\mathrm{d}t \tag{2-22}$$

因 $\mathrm{d}t$ 等于1个单位时间，所以：

$$\lambda(t)=\frac{f(t)}{R(t)}$$

当失效概率 $\lambda(t)=\lambda$ 为常数时，则失效概率密度函数为：

$$f(t)=\lambda(t)R(t)=\lambda\mathrm{e}^{-\lambda t} \tag{2-23}$$

式2-23就是指数分布的概率密度函数。或者说，当失效概率密度函数是指数分布时，失效率是常数。因此，对于正常使用寿命内由于偶然原因而发生的失效事件就常用指数分布来描述。

2.2.2　失效分布的特征量

为了对随机变量的分布有一个清晰的概貌，必须了解表示上述频率分布的平均值、分散程度、范围等特征量。当知道分布函数的形式，找到这些特征量时，分布函数(密度函数或概率函数)也就随之确定了。

(1) 均值。对于有 n 个数值的离散变量，以 $x_1, x_2, \cdots, x_n$ 表示 n 个数值，其均值 $\bar{x}$ 为：

$$\bar{x} = \frac{1}{n}\sum_{i=1}^{n} x_i \tag{2-24}$$

(2) 加权均值。如以 $x_1, x_2, \cdots, x_m$ 表示观测值的大小，$v_1, v_2, \cdots, v_m$ 表示各相同观测值的个数，n 是观测值的总数，则加权均值 $\bar{x}_m$ 为：

$$\bar{x}_m = \frac{1}{n}\sum_{i=1}^{m} v_i x_i = \sum_{i=1}^{m} \frac{v_i}{n} x_i = \sum_{i=1}^{m} p_i x_i \tag{2-25}$$

式中　p_i——观测值 x_i 的概率。

加权均值更能比较真实地反映出平均失效时间。

(3) 数学期望。反映随机变量取值“平均”意义特征值，恰好是这个随机变量且取一切可能值与相应概率乘积的总和，即

$$E(t) = x_1 p_1 + x_2 p_2 + \cdots = \sum_{i=1}^{\infty} x_i p_i \tag{2-26}$$

式中　$E(t)$——随机变量 t 的数学期望值，或叫平均值，并有 $E(t) = \mu$。

当 t 为连续型随机变量时，母体的数学期望为：

$$E(t) = \int_{-\infty}^{+\infty} t f(t)\,\mathrm{d}t$$

式中　$f(t)$——随机变量的分布密度函数。

$E(t)$ 也叫做平均无故障时间，在不可修复系统中也叫做平均寿命，或叫期望寿命。

(4) 中位数。凡是满足方程：

$$0.5 = \int_{-\infty}^{x} f(t)\,\mathrm{d}t \tag{2-27}$$

的 x 值称为该母体的中位数，这个中位数就是分割母体两等分的点，记作 $x_{0.5}$，它表示分布中心位置的特征量。

(5) 众数。它是使 $f(t)$ 达到最大值的 t 值，用 $t_{\max}$ 表示。如果密度函数可微分，则有 $\dfrac{df(t)}{dt}=0$，它是密度曲线峰值的位置。

(6) 分位数。有时预先给定某一概率值 $P>0$，那么，要求出相应于概率值 P 的 x 值是多少，即求满足方程：

$$P(t \leqslant x)=\int_{-\infty}^{x} f(t)\,dt$$

的 x 值，记为 x_p，叫做下侧分位数，P 表示分布在左端的面积。当然，也可用右端的面积表示为：

$$P(t \geqslant x)=\int_{x_q}^{\infty} f(t)\,dt$$

式中　x_q——上侧分位数。

(7) 方差和标准差。方差或标准差用来衡量随机变量的分散程度，即随机变量取值对均值的偏离程度。样本方差为：

$$S^2=\frac{1}{n-1}\sum_{i=1}^{n}(x_i-\bar{x})^2 \tag{2-28}$$

样本标准差为：

$$S=\sqrt{S^2=\frac{1}{n-1}\sum_{i=1}^{n}(x_i-\bar{x})^2} \tag{2-29}$$

式中　n——样本容量；

x_i——观测值，$i=1,2,\cdots,n$；

$\bar{x}$——样本均值。

当样本容量很大时，S^2、S 趋向于一个比较稳定的数值，这个数值比较经典地反映出母体的分散和集中程度，其数学定义为：

$$S^2=V(t)=\int_{-\infty}^{+\infty} f(t)[t-E(t)]^2\,dt \tag{2-30}$$

(8) 极差。取数据中的最大值与最小值之差，即为极差：

$$极差=|x_{max}-x_{min}| \tag{2-31}$$

用极差可粗略地表示这些数的范围及离散情况，它易受分布中异常数值的影响。

图 2-2 为各特征量的示意图。

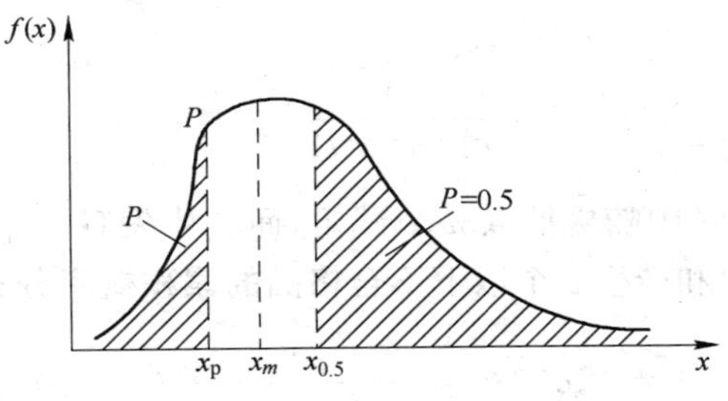

图 2-2 各特征量的示意图

2.3 随机变量的概率分布

产品的可靠性是一种随机现象，它的表现形式是各式各样的，但许多物理性质不同的随机现象，在数学描述上却具有相同的性质，所以经归纳研究提出了随机变量的一些数学模型，通常称之为理论分布。按照数学性质，随机变量可分为离散型随机变量和连续型随机变量两类。离散型随机变量的值域是不连续的，如抽样中的次品数、表决系统的完好单元数等；而连续型随机变量的值域是连续的，如产品的寿命、机械部件的尺寸或应力等。机械可靠性设计中常用的概率分布的数式模型有二项分布、泊松分布、正态分布、对数正态分布和威布尔分布等多种函数。

2.3.1 常用的离散型随机变量分布

离散型随机变量的理论分布通常采用概率分布形式。常见的离散型理论分布有下面几种。

2.3.1.1 二项分布

在一次试验中，只能出现两种结果之一的场合要用到二项分布，例如投币试验、成品检验等。设不合格品率为 p，合格品率为 $q=1-p$，如抽检 n 次，按二项式展开有：

$$(q+p)^n=q^n+C_n^1q^{n-1}p+C_n^2q^{n-2}p^2+\cdots+C_n^rq^{n-r}p^r+\cdots+C_n^{n-1}qp^{n-1}+p=1 \tag{2-32}$$

其中：

$$C_n^r=\frac{n!}{r!\,(n-r)!}\text{ 且 }0!=1$$

在大批量中随机抽取 n 个试验，而其中发现 r 个为不合格品的概率 $f(r)$和产生 c 个以下不合格品的累积概率分布 $F(c)$为：

$$\left.\begin{aligned} f(r) &= C_n^rq^{n-r}p^r=\frac{n!}{r!(n-r)!}p^r(1-p)^{n-r}\\ F(c) &= \sum_{r=0}^{r=c}f(r)\end{aligned}\right\} \tag{2-33}$$

这就是二项分布的公式。该二项分布的平均不合格品（失效）数 $E(r)$及方差 $V(r)$为：

$$E(r)=np;\quad V(r)=npq$$

表征这一分布的参数 p（或 q），如 n 个抽样中有 r 个失效，则 p 值可用下式估算：

$$\hat{p}=\frac{r}{n} \tag{2-34}$$

二项概率分布的用途很广泛，它不仅在产品的质量验收中用来进行抽样验收方案的设计，而且还用于可靠性试验和可靠性设计中。如对材料、器件以及一次性使用装置的可靠性的估计、抽样检验等。

2.3.1.2 泊松分布

在二项分布中，当不合格品数均值 $p\cdot n=m$ 为恒定时，取极限 $p\to 0$，$n\to\infty$，即为泊松分布。

设平均失效数为 m，实际发生的失效数为 r，那么泊松分布的

密度函数 $f(x)$ 和有 c 个或 c 个以下产品失效的累积概率分布 $F(c)$ 分别为：

$$\left.\begin{aligned} f(r)&=\frac{m^r}{r!}\mathrm{e}^{-m} \\ F(c)&=\sum_{r=0}^{r=c} f(r) \end{aligned}\right\} \tag{2-35}$$

失效数的平均值与方差分别为：

$$E(r)=m;\quad V(r)=m$$

利用泊松分布可使人们能预测某一事件出现在一限定时间内或少量试验次数时的概率；也可用于计算备件数的可靠度、置信度。

2.3.2 常用的连续型随机变量分布

2.3.2.1 指数分布

指数分布的失效概率函数 $f(t)$ 和累积失效概率 $F(t)$ 分别为：

$$\left.\begin{aligned} &f(t)=\lambda\mathrm{e}^{-\lambda t} \\ &F(t)=1-\mathrm{e}^{-\lambda t} \text{或} R(t)=\mathrm{e}^{-\lambda t} \end{aligned}\right\} \tag{2-36}$$

均值和方差为：

$$E(t)=\frac{1}{\lambda};\quad V(t)=\frac{1}{\lambda^2}$$

许多产品，特别是电子元件在工作时间内由于偶然因素的影响而失效，如半导体器件的抽检方案都是采用指数分布。一般情况下，指数分布不能作为机械零件功能参数的分布形式，按可以近似地作为高可靠性的复杂部件、机器或系统的失效模型，特别是在部件或机器的整机实验中得到广泛的应用。

2.3.2.2 正态分布

正态分布是最常用的分布，很多自然现象可用正态分布来描述，它在误差分析中占有极其重要的位置。由于正态分布代表了产品的失效时间以均值 μ 为中心的平均寿命分布，故多用来描述产品在某一时刻由耗损或退化而产生的失效。一般来说，有很多微小的、独立的随机因素，而每种因素都不起决定作用时，其作用的总后果可认为服从正态分布。实际上，影响的因素 $n>5\sim6$ 时分布就渐近于正态分布。

在机械可靠性设计中，正态分布主要用来描述零件和钢材的静强度失效以及给定寿命下疲劳强度的分布或近似正态分布。如螺栓、轴、弹簧、键等静强度破坏的计算。

正态分布以均值 μ 与标准差 S 作为参数，可由下式表示：

$$\left.\begin{aligned} f(t) &= \frac{1}{S\sqrt{2\pi}}\mathrm{e}^{-\frac{(t-\mu)^2}{2S^2}} = \frac{1}{S\sqrt{2\pi}}\exp\left[-\frac{(t-\mu)^2}{2S^2}\right] \\ F(t) &= \frac{1}{S\sqrt{2\pi}}\int_0^t \exp\left[-\frac{(t-\mu)^2}{2S^2}\right]\mathrm{d}t \end{aligned}\right\} \tag{2-37}$$

常用符号 $N(\mu,S)$表示一个正态分布。

设

$$Z=\frac{t-\mu}{S} \tag{2-38}$$

则式 2-37 变成：

$$F(z) = \frac{1}{\sqrt{2\pi}}\int_{-\infty}^{z} \mathrm{e}^{-\frac{z^2}{2}}\,\mathrm{d}z \tag{2-39}$$

式 2-39 叫做标准正态分布，用 $\Phi(z)$表示。z 叫做标准正态变量。标准正态分布的密度函数曲线如图 2-3 所示。标准正态分布也不能直接进行积分，可用级数展开的近似计算法求出标准正态变量 z 与 $F(z)$或 $R(z)$的值。

2.3.2.3　对数正态分布

对数正态分布的密度函数和分布函数分别为：

$$\left.\begin{aligned} f(t) &= \frac{1}{tS_1\sqrt{2\pi}}\exp\left[-\frac{(\ln t-\mu_1)^2}{2S_1^2}\right] \\ F(t) &= \frac{1}{S_1\sqrt{2\pi}}\int_0^t \frac{1}{t}\exp\left[-\frac{(\ln t-\mu_1)^2}{2S_1^2}\right]\mathrm{d}t \end{aligned}\right\} \tag{2-40}$$

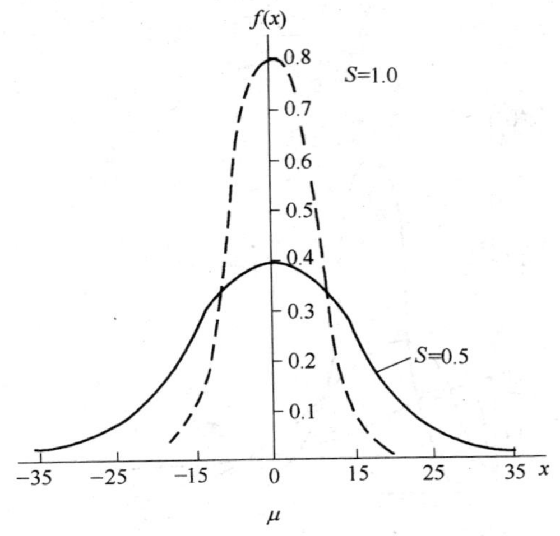

图 2-3 正态分布曲线

均值为：

$$\mu=E(t)=\exp\left[\mu_1+\frac{1}{2}S_1^2\right] \tag{2-41}$$

方差为：

$$S^2=V(t)=\mu^2(e^{S_1^2}-1) \tag{2-42}$$

或
$$\mu_1=\ln\mu-\frac{S_1^2}{2},\quad S_1^2=\ln\left(\frac{S^2}{\mu^2}+1\right)$$

对数正态分布的密度函数曲线图形如图 2-4 所示。它是偏态分布，而且是单峰的。对数正态分布在机械可靠性设计中得到广泛的应用，如对数正态分布很早就用于疲劳试验，是材料或零件寿命分布的一种主要分布模型。常用它来描述圆柱螺旋弹簧、轴向变载螺栓、齿轮的接触疲劳、弯曲疲劳，轴及钢材、合金结构材料等的疲劳寿命。

一般情况下，处理对数正态分布的数据时，先将各个数据取对数后，按正态分布进行查表、计算，问题便得到简化。其对数正态分布变量为：

$$z=\frac{\ln t-\mu_1}{S_1} \tag{2-43}$$

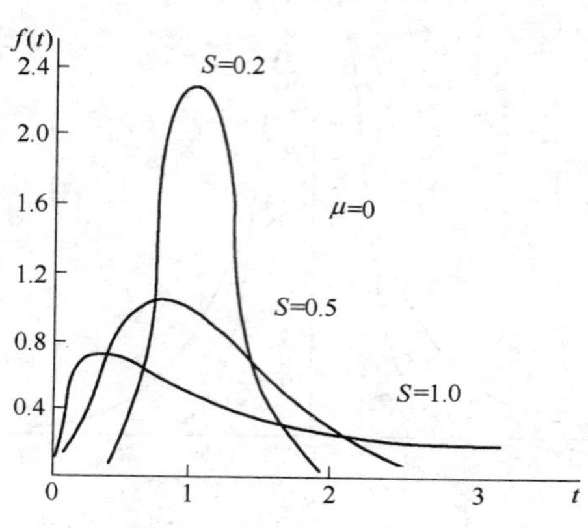

图 2-4　对数正态分布曲线

2.3.2.4　威布尔分布

威布尔分布是一簇分布的类型，对各类型试验数据的拟合能力强，因而得到广泛的应用。威布尔分布是根据最弱环节模型或串联模型得到的，其充分反映材料缺陷和应力集中源对材料疲劳寿命的影响，而且具有递增的失效率。所以，将它作为材料或零部件的寿命分布模型或给定寿命下的疲劳强度模型是合适的。

威布尔分布失效密度函数和失效分布函数分别为：

$$\left.\begin{aligned} & f(t)=\frac{\beta}{\eta}\left(\frac{t-\gamma}{\eta}\right)^{\beta-1}\exp\left[-\left(\frac{t-\gamma}{\eta}\right)^{\beta}\right] \\ & (\beta>0,\eta>0,\gamma\leqslant t) \\ & F(t)=1-\exp\left[-\left(\frac{t-\gamma}{\eta}\right)^{\beta}\right] \end{aligned}\right\} \tag{2-44}$$

式中　β——形状参数，又叫威布尔分布斜率；

η——尺度参数；

γ——位置参数。

均值为：

$$E(t)=\mu_1=\gamma+\eta\Gamma\left(1+\frac{1}{\beta}\right) \tag{2-45}$$

方差为：

$$V(t)=S_t^2=\eta^2\left\{\Gamma\left(\frac{2}{\beta}+1\right)-\left[\Gamma\left(\frac{1}{\beta}+1\right)\right]^2\right\} \tag{2-46}$$

式中 $\Gamma(\quad)$——伽马函数，可查概率相关数学用表求得

对威布尔分布来说，形状参数 β 是决定分布密度函数曲线形状的。若 η 和 γ 保持不变，β 值不同时，其对应的密度函数曲线的形状有很大不同，如图 2-5 所示。

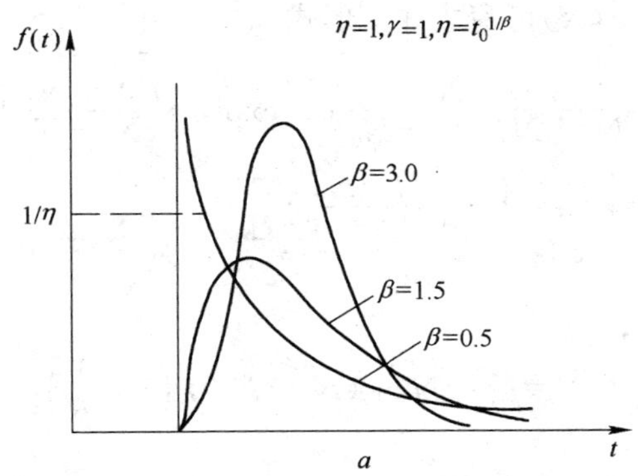

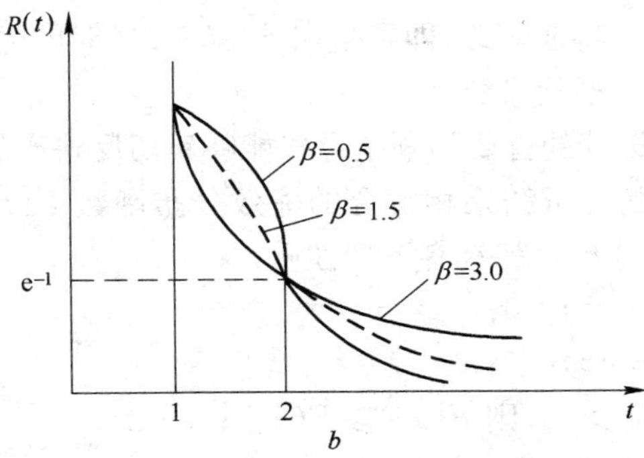

图 2-5 威布尔分布曲线

a—密度函数曲线；b—可靠性函数曲线

位置参数 γ 又叫起始参数，它表示产品在时间 γ 之前具有100%的存活率，失效是从 γ 之后开始的。由此可知，威布尔分布存在最小安全寿命，这与机械零件的强度、寿命等概念相吻合。

尺度参数 η，当 $\gamma=0$、$t=\eta$ 时，威布尔分布失效概率 $F(t)=1-e^{-1}=0.632$。所以，η 为 63.2%的试件已失效时的寿命，称为特征寿命。

由图 2-5 看出：当 $\beta\leqslant1$ 时，密度函数呈指数分布型；$\beta=2$ 时，呈瑞利分布；$\beta=3\sim4$ 时，接近于正态分布。

在疲劳强度试验中，威布尔分布函数中的随机变量 t 用疲劳寿命 N（循环次数）代替，这时威布尔分布的密度函数 $f(N)$ 和失效分布函数 $F(N)$ 可写成如下形式：

$$\left.\begin{aligned} f(N)&=\frac{\beta}{N_a-N_0}\left(\frac{N-N_0}{N_a-N_0}\right)^{\beta-1}\exp\left[-\left(\frac{N-N_0}{N_a-N_0}\right)^{\beta}\right] \\ F(N)&=1-\exp\left[-\left(\frac{N-N_0}{N_a-N_0}\right)^{\beta}\right] \end{aligned}\right\} \tag{2-47}$$

均值为：

$$\overline{N}=\mu_N=N_0+(N_a-N_0)\Gamma\left(1+\frac{1}{\beta}\right) \tag{2-48}$$

式中 N_0——最小寿命；

N_a——特征寿命，即发生在 $F=63.2\%$ 时的寿命；

β——形状参数。

可靠性设计的首要问题是寻找能够确切反映产品失效机理并与失效数据的分析结果相符合的失效分布函数 $F(t)$。上面所介绍的分布函数 $F(t)$ 都具有下列性质：

(1) $F(-\infty)=0$；

(2) $F(+\infty)=1$；

(3) 若 $x_1>x_2$，则 $F(x_1)\geqslant F(x_2)$；

(4) $\lim\limits_{\Delta x\to0}F(x+\Delta x)=F(x)$。

任何函数只要满足上述性质，都可作为可靠度函数（或失效函数)。

在机械可靠性设计中,表征产品工作能力的功能函数,往往是一些基本随机变量的随机函数。根据概率论,一个多维随机变量函数的概率分布是可以从构成它的基本变量的概率特征推导出来的。但是,推导概率分布,特别是推导多维变量的非线性函数的概率分布,在数学上可能十分复杂,即使能从数学上推导出来,由于函数形式过于复杂,也难以付诸实用。因此,在工程实践中,解决这个问题最简单的方法就是根据已知的失效机理及试验结果分析,直接选用已有的分布规律。

正确选择某种产品的失效分布类型往往是很困难的。通常采用:(1)通过故障物理的分析,证实该产品的失效形式或失效机理近似地符合某种分布的物理依据;或通过失效率分析,验证它符合哪一种失效分布的失效率函数。(2)通过可靠性试验,利用数理统计中的判断方法,来判断该产品寿命的失效分布类型。由于样本数量有限,又不能做到所有试样都失效,因此判断会出现同一产品的失效分布规律可能不同。分布类型不同,失效概率或可靠度的估计值也就不同。

3 可靠性设计原理

3.1 应力-强度干涉模型及可靠度计算

3.1.1 应力-强度干涉模型

机械强度可靠性设计就是要搞清楚载荷(应力)及零件强度的分布规律,合理地建立应力与强度之间的数学模型,严格控制失效概率,以满足设计要求。其整个过程可用图 3-1 表示。

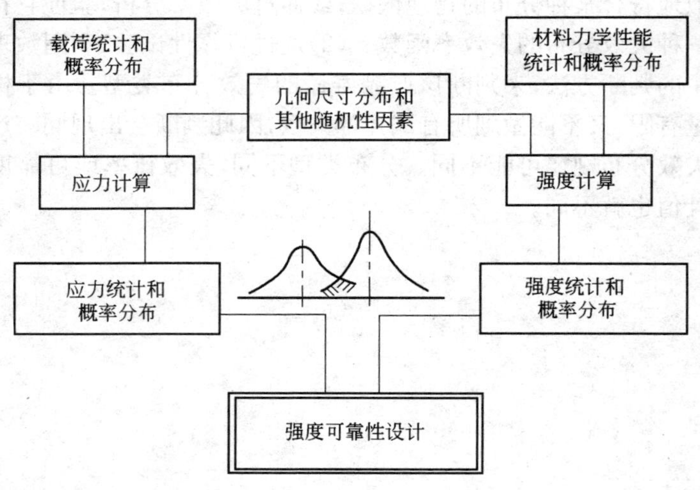

图 3-1　机械强度可靠性设计

由统计分布函数的性质可知，应力、强度两概率密度函数在一定条件下可能发生相交的区域(图 3-1 中的阴影部分)就是零件可能出现失效的区域,称之为干涉区,即使设计时无干涉现象,但当零部件在动载荷的长时间作用下,强度也将逐渐衰减,由图 3-2 中的 a 位置沿着衰减退化曲线移到 b 位置,使应力、强度发生干涉，即强度降低，引起应力超过强度后造成不安全或不可靠的问题。由干涉图可以看出：(1)即使在安全系数大于1的情况下仍然存在有一定的不可靠度；(2)当材料强度和工作应力的离散程度大时，干涉部分加大，不可靠度也增大；(3)当材质性能好、工作应力稳定时，使两分布离散度小，干涉部分相应地减小，可靠度增大。所以，为保证产品可靠性，只进行安全系数计算是不够的，还需要进行可靠度计算。

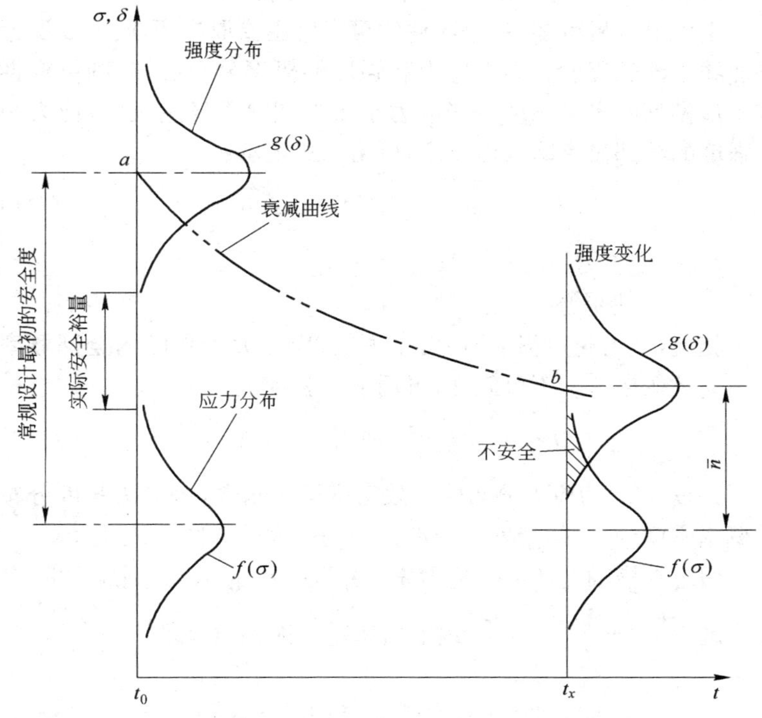

图 3-2 应力-强度的动态变化

应力-强度干涉模型揭示了概率设计的本质。从干涉模型可以看出，就统计数学观点而言，任一设计都存在着失效概率，即可靠度小于1。而我们能够做到的仅仅是将失效概率限制在一个可以接受的限度之内，该观点在常规设计的安全系数法中是不明确的，因为在其设计中不考虑存在失效的可能性。可靠性设计这一重要的特征，客观地反映了产品设计和运行的真实情况，同时，还定量地给出了产品在使用中的失效概率或可靠度，因而受到重视与发展。

3.1.2 解析法求可靠度

3.1.2.1 应力-强度干涉时可靠度的表达式

由以上分析可知，一个零件的可靠度主要取决于应力-强度分布曲线干涉的程度。如果应力和强度的概率分布已知，则可根据其干涉模型确定可靠度。当应力小于强度时不发生失效，应力小于强度的全部概率即为可靠度，可由下式表示：

$$R=P(\sigma<\delta)=P[(\delta-\sigma)>0] \tag{3-1}$$

式中 σ——应力；
δ——强度。

相反，应力超过强度，将发生失效，应力大于强度的全部概率则为失效概率——不可靠度，可用下式表示：

$$F=P(\sigma>\delta)=P[(\delta-\sigma)<0] \tag{3-2}$$

如设 $f(\sigma)$为应力分布的失效密度概率函数，$g(\delta)$为强度分布的概率密度函数，两者发生干涉部分的放大图如图 3-3 所示。

假定在横轴上任取一应力 σ_1，并取一小单元 $\mathrm{d}\sigma$，则应力 σ_1 存在于区间$\left[\sigma_1-\dfrac{\mathrm{d}\sigma}{2},\sigma_1+\dfrac{\mathrm{d}\sigma}{2}\right]$内的概率等于面积 A_1，即

$$P\left[\left(\sigma_1-\frac{\mathrm{d}\sigma}{2}\right)\leqslant\sigma\leqslant\left(\sigma_1+\frac{\mathrm{d}\sigma}{2}\right)\right]=f(\sigma_1)\mathrm{d}\sigma=A_1 \tag{3-3}$$

强度 δ 大于应力 σ 的概率为：

$$P(\delta>\sigma_1)=\int_{\sigma_1}^{\infty}g(\delta)\mathrm{d}\delta=A_2 \tag{3-4}$$

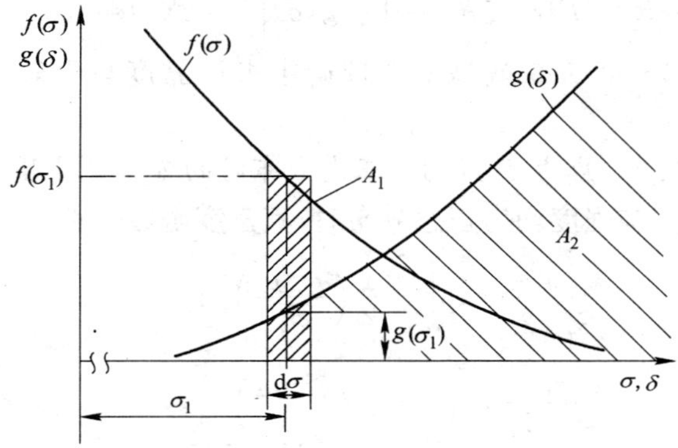

图 3-3 应力-强度干涉

如果应力 σ 与强度 δ 这两个随机变量相互独立(该假设大部分是符合实际的),则处于 $d\sigma$ 小区间的应力与比该区间内应力值大的强度值这两个事件同时发生的概率为:

$$dR = f(\sigma_1)d\sigma\int_{\sigma_1}^{\infty} g(\delta)d\delta \tag{3-5}$$

如果将 σ_1 变为随机变量 σ,则可靠度为:

$$R = P(\delta > \sigma) = \int_{-\infty}^{\infty} f(\sigma)\left[\int_{\sigma}^{\infty} g(\delta)d\delta\right]d\sigma \tag{3-6}$$

因为 $R=1-F$,且 $\int_{-\infty}^{\sigma} f(\sigma)d\sigma + \int_{\sigma}^{\infty} f(\sigma)d\sigma = 1$,则相应的 F 为:

$$\begin{aligned} F = P(\delta < \sigma) &= \int_{-\infty}^{\infty} f(\sigma)\left[\int_{-\infty}^{\sigma} g(\delta)d\delta\right]d\sigma \\ &= \int_{-\infty}^{\infty} G_b(\sigma)f(\sigma)d\sigma \end{aligned} \tag{3-7}$$

同理,失效概率也可以根据应力 σ 大于强度 δ 的概率来计算:

$$\begin{aligned} F = P(\sigma > \delta) &= \int_{-\infty}^{\infty} g(\delta)\left[\int_{\delta}^{\infty} f(\sigma)d\sigma\right] \\ &= \int_{-\infty}^{\infty} g(\delta)\left[1-\int_{-\infty}^{\delta} f(\sigma)d\sigma\right]d\delta \end{aligned} \tag{3-8}$$

$$R = P(\sigma < \delta) = \int_{-\infty}^{\infty} g(\delta)\left[\int_{-\infty}^{\delta} f(\sigma)\mathrm{d}\sigma\right]\mathrm{d}\delta \tag{3-9}$$

式 3-6～式 3-9 就是干涉理论中求可靠度与失效概率的表达式。

3.1.2.2 应力-强度均为正态分布时的可靠度计算

当应力与强度均为正态分布时,其密度函数分别为:

$$f(\sigma)=\frac{1}{S_\sigma\sqrt{2\pi}}\exp\left[-\frac{1}{2}\left(\frac{\sigma-\mu_\sigma}{S_\sigma}\right)^2\right] \quad -\infty<\sigma<\infty$$

$$g(\sigma)=\frac{1}{S_\delta\sqrt{2\pi}}\exp\left[-\frac{1}{2}\left(\frac{\delta-\mu_\delta}{S_\delta}\right)^2\right] \quad -\infty<\delta<\infty$$

式中 μ_σ、μ_δ 与 S_σ、S_δ——分别为应力 σ 及强度 δ 的均值与标准差。

由可靠度定义可知,可靠度是强度 δ 大于应力 σ 的概率,如令 $y=\delta-\sigma$,则有:

$$R=P(y>0)=P[(\delta-\sigma)>0]$$

由概率论可知,当 $f(\sigma)$、$g(\delta)$为正态分布时,则 y 的概率密度函数$h(y)$也呈正态分布。其均值 $\mu_y=\mu_\delta-\mu_\sigma$,方差 $S_y^2=S_\delta^2+S_\sigma^2$,概率密度函数为:

$$h(y)=\frac{1}{S_y^2\sqrt{2\pi}}\exp\left[-\frac{1}{2}\left(\frac{y-\mu_y}{S_y}\right)^2\right] \tag{3-10}$$

可靠度是 $y>0$ 的概率,可表示为:

$$R = P(y > 0) = \int_0^{\infty} \frac{1}{S_y\sqrt{2\pi}}\exp\left[-\frac{1}{2}\left(\frac{y-\mu_y}{S_y}\right)^2\right]\mathrm{d}y \tag{3-11}$$

如令 $Z=\frac{y-\mu_y}{S_y}$,则 $\mathrm{d}y=S_y\mathrm{d}z$,当 $y=0$ 时,$Z=-\frac{\mu_y}{S_y}$;当 $y=\infty$ 时,$Z=\infty$,代入式 3-11 变成标准正态分布:

$$R = P(y > 0) = \frac{1}{\sqrt{2\pi}}\int_{-\frac{\mu_y}{S_y}}^{\infty}\exp\left(-\frac{Z^2}{2}\right)\mathrm{d}Z \tag{3-12}$$

由于正态分布是对称分布，因此上式可变换成：

$$R=\frac{1}{\sqrt{2\pi}}\int_{-\infty}^{\mu_y}\exp\left(-\frac{Z}{2}\right)\mathrm{d}Z=\varphi(Z_R) \tag{3-13}$$

$$Z_R=\frac{\mu_y}{S_y}=\frac{\mu_\delta-\mu_\sigma}{\sqrt{S_\delta^2+S_\sigma^2}} \tag{3-14}$$

Z_R 称为可靠度指数，若应力、强度为相关随机变量且相关系数为 ρ，则有：

$$S_y=\sqrt{S_\delta^2+S_\sigma^2-2\rho S_\delta S_\sigma}$$

当强度和应力的均值不变，而缩小其中一个或两个标准差时，则可提高零件的可靠度，这一点在常规的安全系数法中是无法反映出来的。

3.1.2.3 应力-强度均呈对数正态分布时的可靠度计算

设变量 x 服从对数正态分布，概率密度函数为：

$$f(x)=\frac{1}{x\cdot S_L\sqrt{2\pi}}\exp\left[-\frac{1}{2}\left(\frac{\ln x-\mu_L}{S_L}\right)^2\right]\quad 0<x<\infty \tag{3-15}$$

令 $y=\ln x$，则 y 服从正态分布，概率密度函数为：

$$f(y)=\frac{1}{S_L\sqrt{2\pi}}\exp\left[-\frac{1}{2}\left(\frac{y-\mu_L}{S_L}\right)^2\right] \tag{3-16}$$

式中 μ_L、S_L——分别为正态分布随机变量 $\ln x$ 的对数均值与对数标准差。

$$\mu_L=E(\ln x)=E(y)=\ln y-\frac{1}{2}S_L^2 \tag{3-17}$$

$$S_L^2=\ln\left(\frac{S_y^2}{\mu_y^2}+1\right) \tag{3-18}$$

令 $x=\dfrac{\delta}{\sigma}$，则 $\ln x=\ln\delta-\ln\sigma$，因为 δ、σ 为对数正态分布，故 $\ln\delta$、$\ln\sigma$ 为正态分布，从概率论可知 $\ln x$ 亦为正态分布。这时可靠

性指数 Z_R 为：

$$Z_R=\frac{\mu_{L\delta}-\mu_{L\sigma}}{\sqrt{S_{L\delta}^2+S_{L\sigma}^2}}\approx\frac{\mu_{L\delta}-\mu_{L\sigma}}{\sqrt{C_\delta^2+C_\sigma^2}} \tag{3-19}$$

其中： $\mu_{L\delta}=\ln\mu_\delta-\frac{1}{2}S_{L\delta}^2$； $\mu_{L\sigma}=\ln\mu_\sigma-\frac{1}{2}S_{L\sigma}^2$

$$S_{L\delta}^2=\ln\left(\frac{S_\delta^2}{\mu_\delta^2}+1\right)\approx C_\delta^2;\quad S_{L\sigma}^2=\ln\left(\frac{S_\sigma^2}{\mu_\sigma^2}+1\right)\approx C_\sigma^2$$

根据 Z_R 查正态表即可求得可靠度 R。

3.1.2.4 应力为正态分布、强度呈威布尔分布时的可靠度计算

当应力呈正态分布时，概率密度函数为：

$$f(\sigma)=\frac{1}{S_\sigma\sqrt{2\pi}}\exp\left[-\frac{1}{2}\left(\frac{\sigma-\mu_\sigma}{S_\sigma}\right)^2\right] \tag{3-20}$$

强度呈威布尔分布，概率密度函数为：

$$f(t)=\frac{\beta}{\eta}\left(\frac{t-\gamma}{\eta}\right)^{\beta-1}\mathrm{e}^{-\left(\frac{t-\gamma}{\eta}\right)^\beta} \tag{3-21}$$

式中 β——形状参数；

η——尺度参数；

γ——位置参数。

如将其转换成强度参数则得：

$$f(\delta)=\frac{\beta}{\theta-\delta_0}\left(\frac{\delta-\delta_0}{\theta-\delta_0}\right)^{\beta-1}\mathrm{e}^{-\left(\frac{\delta-\delta_0}{\theta-\delta_0}\right)} \tag{3-22}$$

尺度参数 $\eta=\theta-\delta_0$；位置参数 $\gamma=\delta_0$。

累积分布函数为：

$$F=1-\exp\left[-\left(\frac{\delta-\delta_0}{\theta-\delta_0}\right)^\beta\right] \tag{3-23}$$

将 $f(\sigma)$、$f(\delta)$ 代入失效概率表达式 3-7 得：

$$F = P(\delta < \sigma) = \int_{-\infty}^{\infty} F_{\delta}(\sigma) f(\sigma) \mathrm{d}\sigma$$

$$= \int_{\delta_0}^{\infty} \frac{1}{S_\sigma \sqrt{2\pi}} \exp\left[-\frac{1}{2}\left(\frac{\sigma - \mu_\sigma}{S_\sigma}\right)^2\right]\left\{1 - \exp\left[-\left(\frac{\sigma - \delta_0}{\theta - \delta_0}\right)^\beta\right]\right\} \mathrm{d}\sigma$$

$$= \int_{\delta_0}^{\infty} \frac{1}{S_\sigma \sqrt{2\pi}} \exp\left[-\frac{1}{2}\left(\frac{\sigma - \mu_\sigma}{S_\sigma}\right)^2\right] \mathrm{d}\sigma -$$

$$\int_{\delta_0}^{\infty} \frac{1}{S_\sigma \sqrt{2\pi}} \exp\left[-\frac{1}{2}\left(\frac{\sigma - \mu_\sigma}{S_\sigma}\right) - \left(\frac{\sigma - \delta_0}{\theta - \delta_0}\right)^\beta\right] \mathrm{d}\sigma$$

如令 $Z=\frac{\sigma-\mu_\sigma}{S_\sigma}$,则上式第一项变为标准正态分布：

$$\frac{1}{\sqrt{2\pi}} \int_{\frac{\delta_0-\mu_\sigma}{S_\sigma}}^{\infty} \mathrm{e}^{-\frac{Z^2}{2}} \mathrm{d}Z = 1 - \phi\left(\frac{\delta_0 - \mu_\sigma}{S_\sigma}\right) \tag{3-24}$$

再令 $y=\frac{\sigma-\delta_0}{\theta-\delta_0}$,则 $\mathrm{d}y=\frac{\mathrm{d}\sigma}{\theta-\delta_0}$,$\sigma=y(\theta-\delta_0)+\delta_0$,于是有：

$$\frac{1}{2}\left(\frac{\sigma-\mu_\sigma}{S_\sigma}\right)^2=\frac{1}{2}\left[\frac{y(\theta-\delta_0)+\delta_0-\mu_\sigma}{S_\sigma}\right]^2=\frac{1}{2}\left[\left(\frac{\theta-\delta_0}{S_\sigma}\right)y+\frac{\delta_0-\mu_\sigma}{S_\sigma}\right]^2$$

因而式中的第二项积分可写成：

$$\frac{1}{\sqrt{2\pi}}\left(\frac{\theta - \delta_0}{S_\sigma}\right)\int_0^{\infty} \exp\left\{-y^\beta - \frac{1}{2}\left[\left(\frac{\theta - \delta_0}{S_\sigma}\right)y + \frac{\delta_0 - \mu_\sigma}{S_\sigma}\right]^2\right\} \mathrm{d}y$$

则有：

$$F = P(\delta < \sigma) = 1 - \phi\left(\frac{\delta_0 - \mu_\sigma}{S_\sigma}\right) - \frac{1}{\sqrt{2\pi}}\left(\frac{\theta - \delta_0}{S_\sigma}\right)$$

$$\int_0^{\infty} \exp\left\{-y^\beta - \frac{1}{2}\left[\left(\frac{\theta - \delta_0}{S_\sigma}\right)y + \frac{\delta_0 - \mu_\sigma}{S_\sigma}\right]^2\right\} \mathrm{d}y \tag{2-25}$$

3.1.2.5 应力、强度均为威布尔分布时的可靠度计算

应力、强度均呈威布尔分布时概率密度函数分别为：

应力 $f(\sigma)=\frac{\beta_\sigma}{\eta_\sigma}\left(\frac{\sigma-\sigma_0}{\eta_\sigma}\right)^{\beta_\sigma-1}\exp\left[-\left(\frac{\sigma-\sigma_0}{\eta_\sigma}\right)^{\beta_\sigma}\right]$

强度 $g(\delta)=\frac{\beta_\delta}{\eta_\delta}\left(\frac{\delta-\delta_0}{\eta_\delta}\right)^{\beta_\delta-1}\exp\left[-\left(\frac{\delta-\delta_0}{\eta_\delta}\right)^{\beta_\delta}\right]$

由式 3-8 已知：

$$F=P(\sigma>\delta)=\int_{-\infty}^{\infty}g(\delta)\left[1-\int_{-\infty}^{\delta}f(\sigma)\mathrm{d}\sigma\right]\mathrm{d}\delta$$
$$=\int_{-\infty}^{\infty}g(\delta)[1-F_\sigma(\delta)]\mathrm{d}\delta$$
$$=\int_{\delta_0}^{\infty}\exp\left[-\left(\frac{\delta-\sigma_0}{\eta_\sigma}\right)^{\beta_\sigma}\right]\frac{\beta_\delta}{\eta_\delta}\left(\frac{\delta-\delta_0}{\eta_\delta}\right)^{\beta_\delta-1}$$
$$\exp\left[-\left(\frac{\delta-\delta_0}{\eta_\delta}\right)^{\beta_\delta}\right]\mathrm{d}\delta$$

令 $y=\left(\frac{\delta-\delta_0}{\eta_\delta}\right)^{\beta_\delta}$，则 $\mathrm{d}y=\frac{\beta_\delta}{\mu_\delta}\left(\frac{\delta-\delta_0}{\eta_\delta}\right)^{\beta_\delta-1}\mathrm{d}\delta$ 且 $\delta=y^{\frac{1}{\beta_\delta}\eta_\delta}+\delta_0$，因此上式可写为：

$$F=P(\sigma>\delta)=\int_0^{\infty}\mathrm{e}^{-y}\exp\left\{-\left[\frac{\eta_\delta}{\eta_\sigma}y^{\frac{1}{\beta_\delta}}+\left(\frac{\delta_0-\sigma_0}{\eta_\sigma}\right)\right]^{\beta_\sigma}\right\}\mathrm{d}y \quad (3\text{-}26)$$

$$R=P(\sigma<\delta)=1-\int_0^{\infty}\mathrm{e}^{-y}$$
$$\exp\left\{-\left[\frac{\eta_\delta}{\eta_\sigma}y^{\frac{1}{\beta_\delta}}+\left(\frac{\delta_0-\sigma_0}{\eta_\sigma}\right)\right]^{\beta_\sigma}\right\}\mathrm{d}y \quad (3\text{-}27)$$

由于被积函数比较复杂，一般用数值积分法依靠计算机进行计算则较为方便。

3.1.2.6 应力为指数分布、强度为正态分布时的可靠度计算

应力为指数分布时概率密度函数为：

$$f(\sigma)=\frac{1}{S_\delta\sqrt{2\pi}}\exp\left[-\frac{1}{2}\left(\frac{\delta-\mu_\delta}{S_\delta}\right)^2\right] \quad (3\text{-}28)$$

由于指数分布只有正值，根据式 3-9，则可靠度为：

$$R=\int_0^{\delta}f(\delta)\left[\int_0^{\delta}f(\sigma)\mathrm{d}\sigma\right]\mathrm{d}\delta$$

其中$\int_0^{\delta} f(\sigma)\mathrm{d}\sigma=\int_0^{\delta}\lambda_\sigma \mathrm{e}^{-\lambda_\sigma \sigma}\mathrm{d}\sigma=-\mathrm{e}^{-\lambda_\sigma \sigma}\mid_0^{\delta}=1-\mathrm{e}^{-\lambda_\sigma \delta}$，带入上式得：

$$
\begin{aligned}
R &= \int_0^{\infty}\frac{1}{S_\delta\sqrt{2\pi}}\exp\left[-\frac{1}{2}\left(\frac{\delta-\mu_\delta}{S_\delta}\right)^2\right](1-\mathrm{e}^{-\lambda_\sigma\delta})\mathrm{d}\delta \\
&= \frac{1}{S_\delta\sqrt{2\pi}}\int_0^{\infty}\exp\left[-\frac{1}{2}\left(\frac{\delta-\mu_\delta}{S_\delta}\right)^2\right]\mathrm{d}\delta- \\
&\quad \frac{1}{S_\delta\sqrt{2\pi}}\int_0^{\infty}\exp\left[-\frac{1}{2}\left(\frac{\delta-\mu_\delta}{S_\delta}\right)^2\right]\mathrm{e}^{-\lambda_\sigma\delta}\mathrm{d}\delta \\
&= 1-\phi\left(-\frac{\mu_\delta}{S_\delta}\right)-\frac{1}{S_\delta\sqrt{2\pi}} \\
&\quad \int_0^{\infty}\exp\left\{-\frac{1}{2S_\delta^2}\left[(\delta-\mu_\delta+\lambda_\sigma S_\delta^2)^2+2\mu_\delta S_\delta^2-\lambda_\sigma^2 S_\delta^4\right]\right\}\mathrm{d}\delta
\end{aligned}
$$

令 $y=\dfrac{\delta-\mu_\delta+\lambda_\sigma S_\delta^2}{S_\delta}$，则 $\mathrm{d}y=\dfrac{\mathrm{d}\delta}{S_\delta}$，当 $\delta=0$ 时，$y_0=\dfrac{\delta-\mu_\delta+\lambda_\sigma S_\delta^2}{S_\delta}$，代入上式得：

$$
\begin{aligned}
R &= 1-\phi\left(-\frac{\mu_\delta}{S_\delta}\right)-\frac{1}{\sqrt{2\pi}}\int_{y_0}^{\infty}\mathrm{e}^{-\frac{y^2}{2}}\mathrm{e}^{-\frac{1}{2}(2\mu_\delta\lambda_\sigma-\lambda_\sigma^2 S_\delta^2)}\mathrm{d}y \\
&= 1-\phi\left(-\frac{\mu_\delta}{S_\delta}\right)-\left[1-\phi\left(-\frac{\mu_\delta-\lambda_\sigma S_\delta^2}{S_\delta}\right)\right]\mathrm{e}^{-\frac{1}{2}(2\mu_\delta\lambda_\sigma-\lambda_\sigma^2 S_\delta^2)} \qquad (3\text{-}29)
\end{aligned}
$$

3.1.3　用数值积分法求可靠度

利用上述解析法求可靠度有时则很困难，而利用数值积分求可靠度虽然是近似解，但却能满足一般工程要求，而且比较容易，尤其利用计算机计算更为方便。下面仅介绍一般式的计算方法。

根据式 3-6 有：

$$
\begin{aligned}
F &= \int_0^{\infty}F_\delta(\sigma)f(\sigma)\mathrm{d}\sigma=\int_0^{\infty}F_\delta(\sigma)\mathrm{d}F_\sigma\mathrm{d}\sigma \\
&\approx \sum_{i=1}^{n}F_\delta(\sigma)\Delta F_\sigma(\sigma) \qquad (3\text{-}30)
\end{aligned}
$$

如将 x 轴在统计范围内分为 m 等分(如图 3-4 所示),则不可靠度可用梯形公式求解:

$$F \approx \sum_{i=1}^{m} \frac{1}{2}[F_{\delta}(x_{i+1}) + F_{\delta}(x_i)][F_{\sigma}(x_{i+1}) - F_{\sigma}(x_i)] \qquad (3\text{-}31)$$

$$R = 1 - F$$

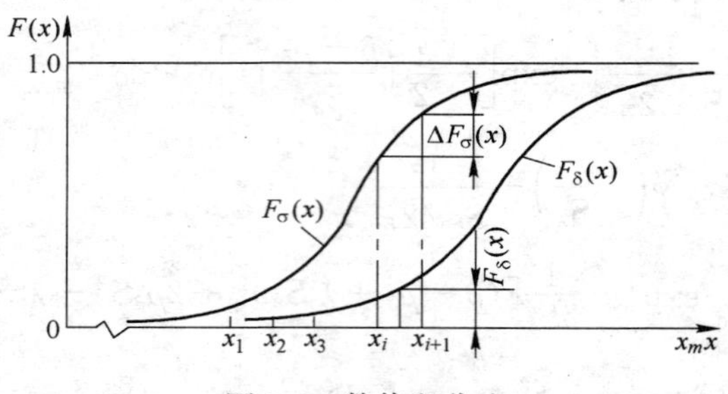

图 3-4　数值积分法

由于 x 轴为 $0\sim\infty$,而数值计算只能在某区间(x_0, x_{m-1})内进行,所以选取 x_0 和 x_{m-1}时主要根据 $F(x)\approx 0$ 和 $\Delta F(x)\approx 0$ 区间初选,如不合适可在计算时适当调整。区间取得越大,在区间内划分越细,则计算结果误差越小,但计算量增大。一般列表计算既方便又明了。

3.2　设计变量的统计处理与计算

3.2.1　设计变量的随机性

机械可靠性设计认为所有的设计变量都是随机变量,其设计的基础是所用的设计变量都是经过多次试验测定的实际数据并经过统计检验后得到的统计量。最理想的情况是掌握它们的分布形式与参数。然而,目前这方面可用的资料很缺乏,尚待做大量的实验与积累工作。为了尽快推广可靠性设计这一新的先进设计方法,必须作适当的假设、简化与处理。

设计变量的随机性主要反映在如下几个方面:

(1) 载荷。几乎所有的机械及零部件由于受各种因素的影响，所承受的载荷都不是确定值，而是依据某种规律变化的随机变量。如飞机、汽车、船舶、拖拉机、起重机、轧机、机床等所承受的载荷都是随机变量，分布形式也是多种多样。

(2) 材料的力学性能。材料的力学性能如抗拉强度 σ_b、屈服强度 σ_s、疲劳强度 σ_r、硬度、弹性模量 E、伸长率 δ、断裂韧性 K_{1c} 等，由于冶炼、加工、热处理、试验等各种因素的影响，都是一些随机变量，其中多数呈正态分布，有的则呈对数正态分布及威布尔分布。

(3) 几何尺寸。由于加工制造的设备、人员操作、工况、环境等影响，同一种材料、同一批零件、同一个人在同一台机床上加工的零件实际尺寸也各有差异。这就充分地反映了尺寸也是随机变量。经实践检验证明其主要呈正态分布。

(4) 工况变化。机械或零部件工作时，其工作条件、环境等的变化也影响机械的强度与寿命的变化。

(5) 不确定因素的存在。除上述因素外，还有一些其他因素，如载荷的简化、力学模型的简化、计算公式的假设等也有影响。

由于这些参数都是随机变量，其准确的数据很难获得，比较精确的数据也只能通过大量实测得到，这对普通设计往往很难办到，因此只能应用近似处理方法解决。这些统计数据的来源主要有：

(1) 真实情况的实测、观察。这样获得的数据样本容量越大，统计得到的数据置信度就越高。从数据的真实性看，这是一种比较理想的来源，但耗费的人力、财力、物力也越大。

(2) 模拟真实情况的测试。本法统计获得的数据真实性稍差，而经济性则大有改进，但耗费仍然较大。

(3) 对标准试件的专门试验。本法统计的数据并不能完全反映所设计产品的真实情况，但其主要性能与真实情况基本一致。对其进行必要的修正，就可以近似看成真实情况。

(4) 利用手册、产品目录或其他文献中的数据。本法取得的数据通常比较粗略。

对上述各随机变量，通过试验、统计分析，找出分布规律及参数，为可靠性设计提供必要的基础资料。

在引用资料时应注意:(1)引用的数据与本设计情况是否一致;(2)统计方法是否合理、准确等。

3.2.2　材料力学性能的统计处理

材料力学性能项目比较多,此处仅介绍几个设计中最常用的指标如抗拉强度、屈服强度、疲劳强度、硬度、伸长率、断裂韧性及弹性模量等。

3.2.2.1　材料静强度指标

A　拉压时材料力学性能的概率分布

(1) 抗拉强度 σ_b。大量试验数据证明,金属材料的抗拉强度 σ_b 比较好地符合正态分布或近似于正态分布。如合金钢 18CrNiWA,其分布检验如图 3-5 所示。图中子样数据为:热轧圆

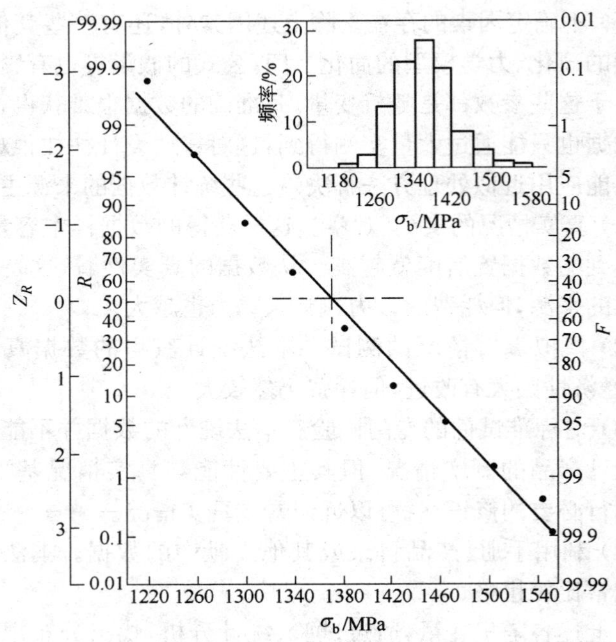

图 3-5　合金钢 18CrNiWA 的 σ_b

钢直径 $\phi30 \sim \phi120$ mm；子样容量 $n=500$；热处理：950 ℃一次油淬，800 ℃二次油淬，170 ℃空回；回归方程：$\hat{\sigma}=1355+58Z_R$。

(2) 屈服强度 σ_s。大量试验表明 σ_s 也近似于正态分布。18CrNiWA 的概率分布检验如图 3-6 所示。其条件同图 3-5，回归方程为：$\hat{\sigma}=1055+60Z_R$。

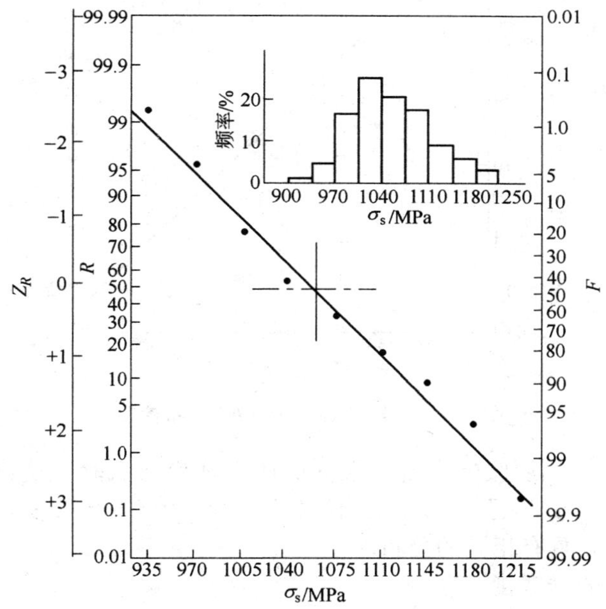

图 3-6 合金钢 18CrNiWAσ_s 分布检验

(3) 伸长率 δ。试验表明，多数材料的 δ 符合正态分布。18CrNiWA 的概率分布检验如图 3-7 所示，其回归方程为：$\hat{\sigma}=15.14+1.2Z_R$。

如果有具体材料的实验统计分布参数，用时可对号选用。

B 剪切强度 τ

(1) 剪切强度极限 τ_b。实验与统计资料表明，τ_b 与 σ_b 有近似线性关系，即 τ_b 分布近似于 σ_b 的分布。

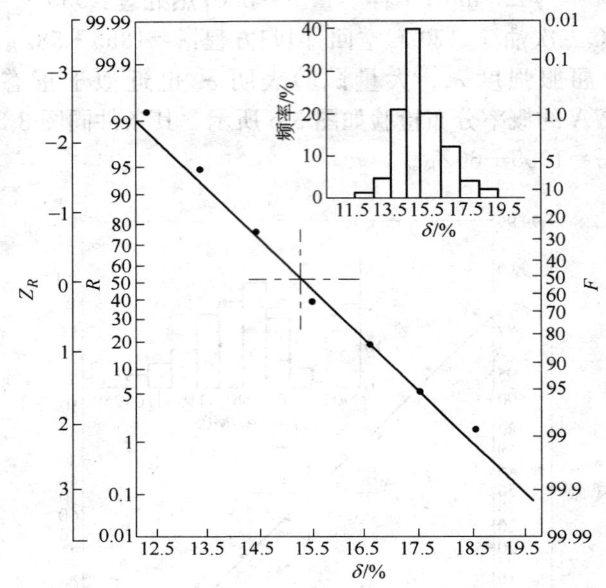

图 3-7　合金钢 18CrNiWAδ 分布检验

(2) 剪切屈服极限 τ_b。根据剪应力理论与试验表明：剪切屈服极限 τ_s 与屈服强度 σ_s 成比例关系：$\tau_b=(0.5\sim0.6)\sigma_s$，且可假设 τ_s 与 σ_s 具有相同的分布。

C　扭转强度

实验表明，碳素钢与低合金钢的扭转强度极限有：$\tau_{nb}\approx0.288\sigma_b$。扭转屈服极限 τ_{nb} 与屈服强度及抗拉强度有下列关系：对于碳素钢：$\tau_{nb}\approx(0.5\sim0.6)\sigma_s\approx(0.34\sim0.36)\sigma_b$；对于合金钢 $\tau_{ns}\approx0.6\sigma_s\approx(0.45\sim0.48)\sigma_b$。

D　弯曲强度

由于弯曲强度试验数据少，可用下列经验式估算：

碳素钢　　$\sigma_{us}\approx1.20\sigma_s\approx(0.67\sim0.72)\sigma_b$

合金钢　　$\sigma_{us}\approx1.11\sigma_s\approx(0.83\sim0.89)\sigma_b$

3.2.2.2　疲劳强度的分布

疲劳强度指标常用的有弯曲、拉压、扭转等疲劳强度极限。试验统计检验表明，大部分材料服从正态分布或对数正态分布，也有的符合威布尔分布。图 3-9 给出了 18CrNiWAσ_{-1}的分布检验结果。此结果基本符合正态分布。

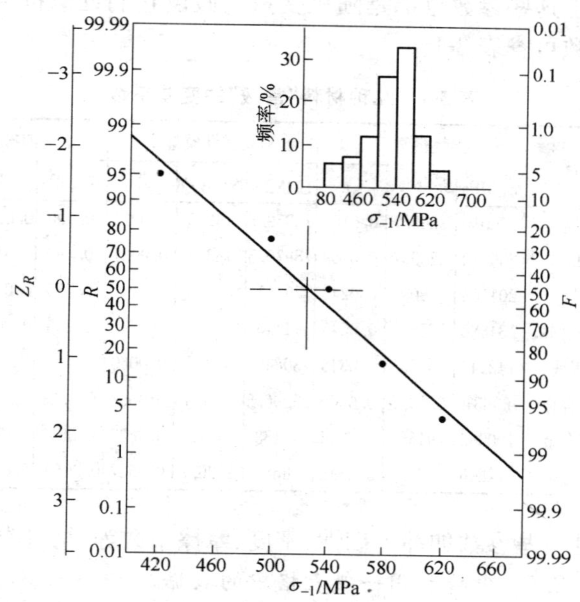

图 3-8 合金钢 18CrNiWAσ_{-1}分布检验

如果无实验资料时，可利用已有资料经统计检验后得出的经验公式估算。不同寿命时的疲劳参数可参考相关文献。

3.2.2.3 硬度

试验统计表明，多数材料的硬度比较接近于正态分布，但常能较好地符合威布尔分布。硬度通常是比较好测的，有了硬度值，也可由硬度求得疲劳极限的估计值。经验公式如下：

对碳素钢（HB＜225） $\sigma_{-1}=(0.128\sim0.156)HB(MPa)$

对正火处理的合金钢 $\sigma_{-1}=0.14HB+67.19(MPa)$

对淬火回火的合金钢 $\sigma_{-1}=0.076HB+284.49(MPa)$

对铸铁　　$\sigma_{-1}=0.187\mathrm{HB}$

3.2.2.4　金属材料几个"常数"的分布

常规设计中，一直假定材料的弹性模量 E、G 及泊松比 μ 为常数，实际上这些参数也都是随机变量。假设它们近似符合正态分布，其参数可查表 3-1。

表 3-1　几种材料"常数"的变差系数

序号	材料名称	弹性模量 E			剪切弹性模量 G			泊松比 μ		
		$\overline{E}$/MPa	S_E/MPa	C_E	$\overline{G}$/MPa	S_G/MPa	C_G	$\overline{\mu}$/MPa	S_μ/MPa	C_μ
1	低碳钢	206010	3269.7	0.0159	78970.5	163.5	0.0021	0.290	0.01333	0.0460
2	16Mn	206010	3269.7	0.0159	78970.5	163.5	0.0021	0.290	0.01333	0.0460
3	合金钢	201105	4905	0.0244	79461			0.285	0.01500	0.0526
4	灰、白口铸铁	134888	7357.5	0.0545	44145			0.250	0.00667	0.0267
5	球墨铸铁	142245	4905	0.0345	73084.5	438.7	0.0060			
6	铝及铝合金	69651	3269.7	0.0469	25996.5	163.5	0.0063	0.3333		
7	铜及铜合金	100062	9165	0.0916	42183	98.1	0.0023	0.3650	0.01833	0.0502
8	钛及钛合金	112815	1635.3	0.0145	40858.7	1336.7	0.0327	0.30667	0.01155	0.0377

其他一些参数如冲击韧性、密度、摩擦系数等，均可类似处理。

3.2.2.5　怎样利用一般表格中的数据

(1) 如果表格中给出某一波动范围 $\sigma_{\max}$、$\sigma_{\min}$，则可按下列公式进行计算：

$$\overline{\sigma}=\frac{1}{2}\times(\sigma_{\max}+\sigma_{\min});S_\sigma=\frac{1}{6}(\sigma_{\max}-\sigma_{\min})$$

(2) 如果给出的极限应力注明不小于(或大于等于)，则应按 3 倍标准差原则处理。

(3) 如表中只给出均值，而未给出标准差，可根据已有的变差系数 C 求得标准差 S，变差系数见表 3-2。

由表 3-2 中可以看出，同一种材料在不同应力状态下，变差系数不同。不同材料在同一应力状态下，变差系数也不同。统计表明变差系数 C 值波动范围比较大，同一种材料，在相同条件下进行试验所得结果分散性也比较大，所以企图给出某个精确的 C 值是不可能的，只能大致取其均值进行计算。表 3-3 给出了几种国产钢材的变差系数。如果此表查不到，也可按表 3-4 查用。

表 3-2 材料在不同应力状态下的变差系数

材料名称		应力状态				
		C_{σ_b}	C_{σ_s}	$C_{\sigma_{-1L}}$	$C_{\sigma_{-1}}$	$C_{Z_{-1}}$
碳素钢		0.039	0.016	0.039	0.043	0.058
优质碳素钢		0.036		0.039	0.047	0.049
合金钢		0.048	0.066		0.054	0.049
球铁	抗拉 C_{σ_b}	0.032	0.039		0.024	
	抗压 C_{σ_c}	0.012				
	弯曲 C_{σ_u}	0.020				
	扭转 C_{τ_B}	0.023				

注：此表是按文献[4]假设基本符合正态分布，按 3 倍标准差原则换算来的。

表 3-3 几种状态的变差系数

钢号	C_{σ_b}	C_{σ_s}	光滑试件	缺口试件
			$C_{\sigma_{-1}}$	$C'_{\sigma_{-1}}$
Q235	0.09	0.09	0.033	0.038
Q275	0.07	0.07		
20	0.069	0.125	0.020	0.031
35	0.076	0.11	0.008	0.021
40	0.065	0.092		
45	0.07	0.07	0.0246	0.041
16Mn	0.041	0.054	0.0301	0.054
2Cr13			0.037	0.051
35CrMo	0.144	0.218	0.0321	0.046
40Cr	0.05	0.05	0.0245	
40MnB			0.0424	0.0365
$60Si_2Mn$	0.037		0.0425	0.021
40CrNi	0.06	0.06		
30CrMnSiA	0.071	0.10	0.149	

续表 3-3

钢　　号	C_{σ_b}	C_{σ_s}	光滑试件	缺口试件
			$C_{\sigma_{-1}}$	$C'_{\sigma_{-1}}$
12Cr18Ni9	0.12	0.20		
$ZG_{35 II}$	0.171	0.208		
$ZG_{20}SiMn$	0.096	0.129		
$QT_{60\text{-}2}$球铁			0.020	0.055
$QT_{40\text{-}17}$球铁			0.046	0.030

表 3-4　几种状态的变差系数

材　料　状　态		变差系数 $C=\dfrac{S}{\mu}$
金属材料	C_{σ_b}	0.05(0.013～0.15)
	C_{σ_s}	0.07(0.02～0.16)
	$C_{\sigma_{-1}}$	0.08(0.015～0.19)
零件的疲劳强度 $C_{\sigma_{-1c}}$		0.10(0.05～0.20)
焊接结构的疲劳强度 C		0.10(0.05～0.20)
金属材料断裂韧性 C_K		0.07(0.02～0.42)
钢的布氏硬度 C_{HB}		0.05

注：该表数据非国产资料。

3.2.2.6　材料力学性能的统计分析

前面对材料力学性能的分布参数及确定方法都作了说明。但是,对于重要零件材料的力学性能参数,应该进行试验与统计分析,给出具体的分布类型与参数,为其可靠性设计提供必要的数据,以充分保证零件的可靠度。具体抽样、试验、统计处理等原则与方法查有关资料。

3.2.3　工作载荷的统计分析

3.2.3.1　载荷及其分类

作用在机械或构件上的外载(广义力)称为载荷。载荷的形式很多:

(1) 按作用方式可分为:拉压、弯曲、扭转、剪切、温度、磨损、腐蚀等。

(2) 按应变速度可分为:蠕变、静载、动载、冲击等。

(3) 按载荷幅值可分为:等幅的(对称、脉动、波动等),不等幅的;随机的,幅值、频率均随时间作随机变化。

(4) 按稳定程度可分为:稳定载荷,不稳定载荷,随机的载荷。

有些载荷可用各种方法直接或间接地测得或计算求得。这些载荷可以是力、力矩、应力、功率、温度等。

3.2.3.2 工作载荷的统计分析

通过实测,对工作载荷-时间历程进行记录、计数,得到一系列数据,根据数理统计原理进行统计分析,确定分布类型与参数,给出数学模型,为可靠性设计提供载荷参数。

目前常用的记数方法有两种:一是功率谱法。许多载荷是无周期连续变化的,这种载荷可借助于富氏变换,将一复杂的随机载荷分解为有限个具有各种频率简谐变化之和,获得功率谱密度函数。此法是比较严密的统计方法,它保留了载荷历程的全部信息,特别对于平稳随机过程,用此方法更为简便,但设备费用昂贵,限制了广泛使用,现正在逐渐推广。另一方法是循环记数法。此法是把载荷时间历程离散成一系列峰谷值,然后计算其峰谷值或幅值与均值等发生的频次,从而找出概率密度函数及参数。由于这种方法不能给出变量随时间变化的资料,也不能得到载荷级或振程发生的先后次序,但其技术方法简便,一般能满足工程要求。目前循环计数法已有十几种,如穿级计数法、峰谷值计数法、振程计数法、雨流计数法等。

3.2.4 几何尺寸的分布与统计偏差

机械零件的几何尺寸是一个随机变量。实践证明,零件尺寸偏差多数都呈正态分布。公称尺寸为均值,而标准差即为 1/3 允许偏差。如果零件加工时已经给出公差,可按给定公差计算标准差。如未给出公差,只给出公称尺寸,此时要以加工方法来估计偏差与标准差，见表 3-5。如允许偏差为 t，则标准差 $S=\frac{1}{3}t$。

表 3-5　不同加工方法的尺寸误差

序　号	加工方法	误差/mm	
		一　般	可　达
1	火焰切割	±1.50	±0.500
2	冲　压	±0.25	±0.025
3	拉　拔	±0.250	±0.050
4	冷　轧	±0.250	±0.025
5	挤　压	±0.500	±0.050
6	金属模铸	±0.750	±0.250
7	压　铸	±0.250	±0.050
8	蜡模铸		±0.050
9	烧结金属	±0.125	±0.025
10	烧结陶瓷	±0.750	±0.500
11	锯　切	±0.500	±0.125
12	车　削	±0.125	±0.025
13	刨　削	±0.250	±0.025
14	铣　削	±0.125	±0.025
15	滚　切	±0.125	±0.025
16	拉　削	±0.125	±0.0135
17	磨　削	±0.025	±0.005
18	研　磨	±0.005	±0.0012
19	钻　孔	±0.250	±0.050
20	铰　孔	±0.050	±0.0125

注：此表较早，数据偏高。

3.2.5　函数均值与方差的近似计算

在可靠性设计中常常要对随机变量或随机函数进行运算，或求均值与标准差，由于理论计算很麻烦，故采用近似计算法。

3.2.5.1　正态分布函数均值与标准差的近似计算

可靠性设计中所涉及的变量多呈正态分布。设随机变量 x、y 为正态分布，当 x 与 y 相关时，相关系数 $\rho\neq0$；但当 x 与 y 相互独立时，$\rho=0$。随机变量 z 为 x、y 的函数；a 为任意常数，则函数 z 的均值与标准差如表 3-6 所示。如表中随机变量 x、y 服从正态分布，则 $z=a\pm x$、$z=ax$、$z=x\pm y$ 等都严格地服从正态分布；$z=xy$；$z=\frac{x}{y}$、$z=x^n$ 则不服从正态分布；当变差系数 $C_x\leqslant0.10$、$C_y\leqslant0.10$ 时，z 近似地服从正态分布。

表 3-6 正态分布函数的特征值

序号	基本函数形式	数学期望	标准差
1	$z=a$	a	0
2	$z=ax$	$a\bar{x}$	aS_x
3	$z=a+x$	$a+\bar{x}$	S_x
4	$z=x\pm y$	$\bar{x}\pm\bar{y}$	$(S_x^2+S_y^2\pm2\rho S_xS_y)^{1/2}$
5	$z=xy$	$\bar{x}\,\bar{y}+\rho S_xS_y$	$(\bar{x}^2S_y^2+\bar{y}^2S_x^2+S_x^2S_y^2+2\rho\bar{x}\bar{y}S_xS_y+\rho^2S_x^2S_y^2)^{1/2}$
6	$z=\frac{x}{y}$	$\frac{\bar{x}}{\bar{y}}+\frac{\bar{x}S_y}{\bar{y}^2}\left(\frac{S_y}{\bar{y}}-\rho\frac{S_x}{\bar{x}}\right)$	$\frac{\bar{x}}{\bar{y}}\left(\frac{S_y^2}{\bar{y}^2}+\frac{S_x^2}{\bar{x}^2}-2\rho\frac{S_xS_y}{\bar{x}\,\bar{y}}\right)^{1/2}$
7	$z=\frac{1}{x}$	$\approx\frac{1}{\bar{x}}$	$\approx\frac{S_x}{\bar{x}^2}$
8	$z=x^{1/2}$	$\left[\frac{1}{2}(\bar{x}+\sqrt{x^2-S_x^2})\right]^{1/2}$	$\approx\frac{1}{2}\times\frac{S_x}{\bar{x}}$
9	$z=x^2$	$\overline{x^2}+S_x^2\approx\overline{x^2}$	$(4\bar{x}^2S_x^2+2S_x^4)^{1/2}\approx2\bar{x}S_x$
10	$z=x^3$	$\bar{x}^3+3\bar{x}S_x^2\approx\bar{x}^3$	$(8\bar{x}^2S_x^4+5\bar{x}S_x^2+3S_x^6)^{1/2}\approx3\bar{x}^2S_x$
11	$x=x^n$	$\approx\bar{x}^n$	$\approx\lvert n\rvert\bar{x}^{n-1}S_x$
12	$z=\lg x$	$\approx\lg\bar{x}$	$\approx0.434\frac{S_x}{\bar{x}}=0.434C_x$

注：相关系数 $\rho=\frac{\sum[(x_i-\bar{x})(y_i-\bar{y})]}{[\sum(x_i-\bar{x})^2\sum(y_i-\bar{y})^2]^{1/2}}$ 或 $\rho=\frac{\frac{1}{n}\sum[(x_i-\bar{x})(y_i-\bar{y})]}{S_xS_y}$

3.2.5.2 n 维随机变量函数的数学期望和方差的近似值

A 一维随机变量函数的数学期望和方差的近似值

如设一维随机变量函数为 $y=f(x)$，可按泰勒级数中值定理展开并取得前三项：

$$y=f(x)=f(\bar{x})+(x-\bar{x})f'(\bar{x})+\frac{(x-\bar{x})^2}{2!}f''(\bar{x})+\cdots \tag{3-32}$$

忽略余项，这时函数的数学期望为：

$$\begin{aligned}E(y)&=\bar{y}=E[f(x)]\\&\approx E\left[f(\bar{x})+(x-\bar{x})f'(\bar{x})+\frac{1}{2}V(x)f''(\bar{x})\right]\\&=f(\bar{x})+\frac{1}{2}V(x)f''(x)\end{aligned} \tag{3-33}$$

其方差的近似值为：

$$\begin{aligned}V(y)&=S_y^2=[y-f(\bar{x})]^2=\left[(x-\bar{x})f'(\bar{x})+\frac{1}{2}V(x)f''(x)\right]^2\\&\approx[f'(\bar{x})]^2V(x)\end{aligned} \tag{3-34}$$

B　n 维随机变量函数的数学期望和方差的近似值

设 n 维随机变量函数为 $y=f(x_1)=f(x_1,x_2,\cdots,x_n)$，当 x_1，x_2，$\cdots$，x_n 相互独立，且 $\frac{S_i}{\bar{x}}$ 很小时，将 $y=f(x_1,x_2,\cdots,x_n)$ 在 $\bar{x}$ 处按泰勒级数展开，同理可得：

$$E(y)=\bar{y}=f(\bar{x}_1,\bar{x}_2,\cdots,\bar{x}_n,)+\frac{1}{2}\sum_{i=1}^{n}\left[\frac{\partial^2 y}{\partial x^2}\right]_{\bar{x}}\cdot S_i^2 \tag{3-35}$$

$$S_y=\left[\sum_{i=1}^{n}\left[\frac{\partial^2 y}{\partial x^2}\right]_{\bar{x}}S_i^2\right]^{\frac{1}{2}} \tag{3-36}$$

3.3　变差系数、安全系数

3.3.1　随机变量函数的变差系数

在机械设计中有大量函数形式的计算公式常包含多个随机变量之间的乘除关系，而且有些还是非线性的，对于这些函数的统计特征值，特别是标准差，即使利用求偏导数的近似求解法，也相当烦琐，且易出错。利用变差系数的概念，可使这些函数从变量之间的乘除关系转化成变差系数之间的简单关系，这样既便于运算，也能简化运算过程。

(1) 变差系数的定义。具有平均值$\bar{x}$和标准差S_x的随机变量x的变差系数C_x可定义为：

$$C_x = \frac{S_x}{x} \tag{3-37}$$

(2) 变量为乘除关系函数的变差系数。设两个变量x，y的函数为$z=xy$，当x、y为互相独立的随机变量时，由概率统计可知，其标准差为：

$$S_z = \sqrt{\overline{x}^2 S_y^2 + \overline{y}^2 S_x^2} = \overline{x}\overline{y}\sqrt{\left(\frac{S_x}{\overline{x}}\right)^2 + \left(\frac{S_y}{\overline{y}}\right)^2} = \overline{x}\overline{y}\sqrt{C_x^2 + C_y^2} \tag{3-38}$$

故z的变差系数为：

$$C_z = \frac{S_z}{\overline{z}} = \frac{S_z}{\overline{x}\overline{y}} = \sqrt{C_x^2 + C_y^2}\text{，即 } C_z^2 = C_x^2 + C_y^2 \tag{3-39}$$

同理，对于多变量函数$z=x_1 x_2 \cdots x_n$，其标准差为：

$$C_z = \sqrt{C_{x1}^2 + C_{x2}^2 + \cdots + C_{xn}^2} \tag{3-40}$$

值得注意的是，不论两个变量x、y之间是乘还是除，其函数变差系数C_z的近似计算都是相同的。因此，对于任何形式组成的多变量函数，其变差系数的计算都比其标准差的计算要简便得多。

(3) 幂函数的变差系数。设幂函数$Z=x^a$，由表3-6可求得：

$$S_z^2 = [a\,\overline{x}^{a-1}]^2 S_x^2 = \left(a\,\overline{x}^a\,\frac{S_x}{\overline{x}}\right) = a^2\,\overline{x}^{2a} C_x^2 \tag{3-41a}$$

因此：

$$C_z^2 = a^2 C_x^2\text{，}\quad \text{即 } C_z = aC_x \tag{3-41b}$$

式中　a——任意实数。

同理，对多变量幂函数有：

$$z = a_0 x_1^{a1} x_2^{a2} \cdots x_n^{an} \tag{3-42a}$$

则得： $$C_z^2 = a_1^2 C_{x1}^2 + a_2^2 C_{x2}^2 + \cdots + a_n^2 C_{xn}^2 = \sum_{i=1}^{n} a_i^2 C_{xi}^2 \quad (3\text{-}42b)$$

在可靠性设计中应用变差系数作近似计算，有助于简化计算方法，减少计算程序，且与设计变量间函数关系所计算出的结果很接近。所以它不但可用于在给定可靠度条件下对零件进行可靠性综合设计，以确定零件必要的强度及基本结构尺寸；同时还可用于对现有产品或设计方案，根据已知的设计变量进行可靠性设计，以评价及预测零件在强度上具有的可靠程度。

在可靠性设计中应用变差系数又可以部分地减少有关对材料强度、作用载荷等统计特征数据的要求。前已提及，各种材料的力学性能，其均值和方差存在有较大的差异，但其变差系数，一般来说变动范围相对较小，故有时也可近似地视为常数。

另外，通过变差系数还可以使零件的可靠度、强度与应力之间的关系用一个均值安全系数$\bar{n}_c = \dfrac{\bar{\delta}}{\bar{\sigma}} = f(R)$的函数形式来表示。该均值的安全系数与常规设计中所采用的安全系数有不同的概念，它将有利于促进常规设计向可靠性设计过渡。

如果用偏导数公式求标准差，将相当繁杂，且易出错，而用变差系数则极为简单。

3.3.2 安全系数的统计分析

3.3.2.1 概述

A 常规状态下的安全系数

常规设计中，安全系数被定义为材料的强度除以零件中最薄弱环节上的最大应力。其表示方法为：

(1) 极限应力状态下的安全系数：

$$n = \frac{\delta_{min}}{\sigma_{max}} \quad (3\text{-}43)$$

式中 δ_{min}——材料强度的最小值；

σ_{max}——工作应力的最大值。

(2) 常用的安全系数：

$$n=\frac{\overline{\delta}}{\sigma_{max}} \tag{3-44}$$

式中 $\overline{\delta}$——材料强度均值。

由于材料强度具有离散性，加之零件薄弱环节上的最大工作应力在不同工况条件下也在变动，即使是静载荷变动仍然存在，而且 δ_{min}、σ_{max} 也无明确的定量概念，所以上述安全系数的定义具有某种不确定性。同时，它又没有和零部件的破坏概率相联系，不能较深入地揭示事物的本质。

B 可靠性意义下的安全系数

如将常规状态下的安全系数引入设计变量的随机性概念（如材料强度、工作应力的概率分布），便可得出可靠性意义下的安全系数。

当材料强度取 $R=50\%$ 时的值为 $\overline{\delta}$，工作应力取 $R=50\%$ 时的值为 $\overline{\sigma}$ 时，平均安全系数 $\overline{n_c}$ 为：

$$\overline{n_c}=\frac{\overline{\delta}}{\overline{\sigma}} \tag{3-45}$$

如强度取 $R=95\%$ 的下限为 δ_{min}，工作应力取 $R=99\%$ 的上限为 σ_{max}，则其可靠性安全系数可表示为：

$$n_{\left(\frac{95}{99}\right)}=\frac{\delta_{min}}{\sigma_{max}}=\frac{\delta_{(95)}}{\sigma_{(99)}}=\frac{(1-1.65C_{\delta})\overline{\delta}}{(1+2.33C_{\sigma})\overline{\sigma}} \tag{3-46}$$

式 3-45、式 3-46 中的 $\overline{n_c}$、$n_{\left(\frac{95}{99}\right)}$ 均表示了不同可靠度意义下的安全系数。

任意可靠度下的安全系数 n_R 可表示为：

$$n_R=\frac{\delta_{min}}{\sigma_{max}}=\frac{(1-Z_{\delta}C_{\delta})\overline{\delta}}{(1+Z_{\sigma}C_{\sigma})\overline{\sigma}} \tag{3-47}$$

式中 Z_{δ}、Z_{σ}——分别为强度、应力的标准正态偏量；

C_{δ}、C_{σ}——分别为强度、应力的变差系数。

由可靠性定义的安全系数可得出如下结论：

(1) 当强度和应力的标准差不变时，提高平均安全系数就会提高可靠度。

(2) 当强度和应力的平均值不变时，缩小它们的离散性，即降低其标准差，也可提高可靠度。

(3) 如果要得到一个较好的可靠度估计值，则必须严格控制强度、应力的均值和标准差，这是因为可靠度对均值和标准差是很敏感的。因此，在进行工程估计时必须注意此点。

安全系数与可靠度间的关系如图 3-9 所示。

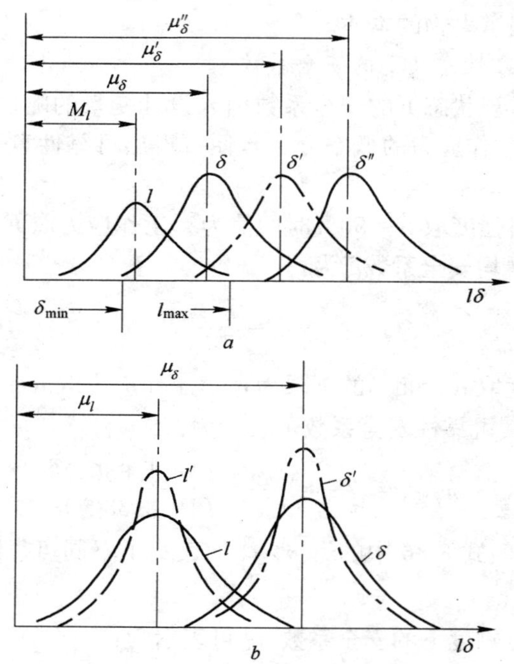

图 3-9　安全系数与可靠度间的关系

3.3.2.2　安全系数的统计分析方法

A　应力、强度均为正态分布时的安全系数

由正态分布联结方程得：

$$Z_R=\frac{\mu_\delta-\mu_\sigma}{\sqrt{S_\delta^2+S_\sigma^2}}=\frac{\frac{\mu_\delta}{\mu_\sigma}-1}{\sqrt{\frac{S_\delta^2}{\mu_\delta^2}\times\frac{\mu_\delta^2}{\mu_\sigma^2}+\frac{S_\sigma^2}{\mu_\sigma^2}}}=\frac{n_c-1}{\sqrt{C_\delta^2 n_c^2+C_\sigma^2}} \quad (3\text{-}48)$$

此式表明了可靠度、均值安全系数及变异系数之间的关系。

B 应力 σ、强度 δ 均为对数正态分布时的安全系数

根据式 3-19 可知：

$$Z_R=\frac{\mu_{L\delta}-\mu_{L\sigma}}{\sqrt{S_{L\delta}^2+S_{L\delta}^2}}\approx\frac{\ln\mu_\delta-\ln\mu_\sigma}{\sqrt{C_\delta^2+C_\sigma^2}} \quad (3\text{-}49)$$

可得：

$$\ln\mu_\delta-\ln\mu_\sigma=Z_R\sqrt{C_\delta^2+C_\sigma^2}$$

于是，可靠性设计的均值安全系数为：

$$n_c=\frac{\mu_\delta}{\mu_\sigma}=e^{Z_R\sqrt{C_\delta^2+C_\sigma^2}}=\exp[Z_R\sqrt{C_\delta^2+C_\sigma^2}] \quad (3\text{-}50)$$

对于给定的可靠度 R，可靠性指数 Z_R 为定值，由上式可知，应力及强度的变差系数 C_δ、C_σ 愈大（即离散性愈大），则所需的安全系数 n_c 亦愈大；反之，安全系数可小些。

C 均值安全系数近似服从正态分布时的可靠度

由于其概率密度函数为：

$$f(n_c)=\frac{1}{S_n\sqrt{2\pi}}\exp\left[-\frac{1}{2}\left(\frac{n_c-\bar{n_c}}{S_n}\right)^2\right] \quad (3\text{-}51)$$

故可靠度为：

$$R_{(nc)}=P_{(n_c\geqslant1)}=\int_1^\infty\frac{1}{S_n\sqrt{2\pi}}\exp\left[-\frac{1}{2}\left(\frac{n_c-\bar{n_c}}{S_n}\right)^2\right]dn_c$$

令 $Z_R=\frac{(n_c-\bar{n_c})}{S_n}$，当 $n_c=\infty$ 时，$Z_R=\infty$；当 $n_c=1$ 时，$Z_R=\frac{1-\bar{n_c}}{S_n}$，于是得：

$$R = P_{(n_C \geqslant 1)} = \int_{Z_R}^{\infty} \frac{1}{\sqrt{2\pi}} \exp\left(-\frac{Z^2}{2}\right) dz \tag{3-52}$$

转化为标准正态分布可查正态表。

如设$\bar{n} \approx \frac{\mu_\delta}{\mu_\sigma} = n_c$，则 $C_n = (C_\delta^2 + C_\sigma^2)^{\frac{1}{2}}$，又 $S_n = C_n \bar{n} \approx C_n n_R$，则有：

$$Z_R = \frac{1-\bar{n}}{S_n} = \frac{1-\bar{n}}{C_n \bar{n}} \tag{3-53}$$

一般$\bar{n} \geqslant 1$，故 Z_R 为负值，由于正态分布的对称性，式 3-53 可写成：

$$Z_R = \frac{\bar{n}-1}{C_n \bar{n}} \tag{3-54}$$

式中，Z_R 由所需的可靠度查正态表求得。

D 应力和强度分布类型不明确时的安全系数

当应力和强度分布不明确时，由于应力 σ、强度 δ 为随机变量，则 n 也为随机变量，可靠度为 $R = P(n \geqslant 1)$。因为 n 的分布函数不明确，其分布函数可能非常复杂，要建立 n 与 R 的关系也很难，故只能用切贝雪夫不等式来估计 n 与 R 的存在范围。为此，需先证明下列不等式成立：

$$P(|n-a| \leqslant \varepsilon) \geqslant 1 - \frac{E[(n-a)^2]}{\varepsilon^2} \tag{3-55}$$

式中 a、ε——均为大于零的任意常数（证明略）。

如令 $a = k\bar{n}$，$a - \varepsilon = 1$，代入上式，经推导得：

$$P[1 \leqslant n \leqslant (2k\bar{n}-1)] \geqslant 1 - \frac{\bar{n}^2[C_n^2 + (1-k)^2]}{(kn-1)^2} \tag{3-56}$$

于是：

$$R \geqslant 1 - \frac{\bar{n}^2[C_n^2 + (1-k)^2]}{(k\bar{n}-1)^2}$$

该不等式右边代表 R 的下限。为了得到最高的下限，可求下式的极小值。令

$$w=\frac{\bar{n}^2[C_n^2+(1-k)^2]}{(k\bar{n}-1)^2}$$

则 $$\frac{\partial w}{\partial k}=\frac{-2\bar{n}^3[C_n^2+(1-k)^2]}{(k\bar{n}-1)^3}+\frac{-2\bar{n}(1-k)}{(k\bar{n}-1)^2}=0$$

解此方程得：

$$k^*=\frac{\bar{n}(1+C_n^2)-1}{\bar{n}-1}$$

同样可求证$\frac{\partial^2 w^2}{\partial k^2}>0$，故将 k^* 代入式 3-56 求得 R 的下限为：

$$R_L=1-\frac{\bar{n}^2C_n^2}{\bar{n}^2C_n^2+(\bar{n}-1)^2} \tag{3-57}$$

同理，可求得均值安全系数的下限为：

$$\bar{n}_L\geqslant\frac{1}{1-C_n\sqrt{\frac{R}{1-R}}} \tag{3-58}$$

4 系统可靠性设计与分析

系统是由相互作用相互依赖的若干部分组成的具有特定功能的整体。它是由零件、部件、子系统等组成，这些组成系统的相对独立的单元我们通称为元件。系统的可靠性不仅取决于组成系统的元件的可靠性，而且也取决于组成元件的相互组合方式。

系统可靠性设计的目的，就是要系统满足规定的可靠性指标，同时使系统的技术性能、重量、成本等达到最优化的结果。

可靠性预测与可靠性分配是可靠性设计中的相反过程。可靠性预测是由局部到总体、由小到大与由下到上的过程。而可靠性分配是由总体到局部、由大到小与由上到下的过程。两种可靠性分析技术是有严格内在关系的对立统一过程，最终目的是提高系统的可靠性。

可靠性预测是在产品设计过程中预测产品可靠性是否达到要求的指标，达不到指标时，产品进行可靠性重新分配，改进产品设计，这样反复进行工作直到达到要求的指标为止的全部过程。可靠性分配则是将可靠性总体指标分配到各单元，使在单元生产过程及在其他因素影响下仍能保证总体指标的实现。

4.1 系统可靠性预测

可靠性预测是在产品设计过程中定量地预计产品可靠性的一种方法。通过分析可以及早发现设计中的薄弱环节，可以评定结果的可靠性设计方案，并对设计方案提出改进措施等。

系统的可靠性与组成系统的元件数量、元件的可靠性以及元件之间的相互关系有关。为便于对系统进行可靠性预测，先讨论各元件在系统中的相互关系。

必须指出，这里所说的元件相互关系主要是指功能关系，而不是元件之间的结构装配关系。

4.1.1 系统可靠性框图

在可靠性工程中，常用系统图表示系统中各元件的结构装配关系，用可靠性框图表示系统各元件间的功能关系。可靠性框图包含一系列方框，每个方框代表系统的一个元件，方框之间用短线连接起来，表示各元件功能之间的关系，所以也称可靠性方框图。

最简单的可靠性框图如图 4-1 所示。A 和 B 各代表一个元件，只要其中一个元件失效，该系统就不能工作（即失效），这种功能关系称为 A 和 B 之间的串联关系。

为了减少系统功能失效的概率，即提高系统的可靠度，往往采用贮备法——使用两个以上相同功能的元件来完成同一任务，当其中一个元件失效后，其余的元件仍然能完成这一功能，即系统不失效；只要还有一个元件在工作，系统功能仍可完成，一直到所有元件均失效后，才使系统失效。例如：某飞机采用两个发动机同时工作，当其中有一个发动机发生故障时，另一发动机仍然工作，直至返回基地。这种贮备法的可靠性框图如图 4-2 所示（属于并联系统）。

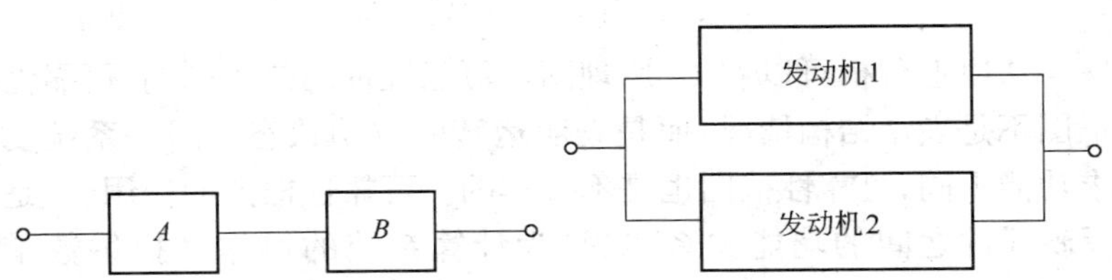

图 4-1 两元件的可靠性框图　　图 4-2 两个发动机的可靠性框图

值得注意的是有的元件在系统结构图中是并联的，而它们的功能关系在可靠性框图中却是串联关系。例如在电气系统中将几个电容器并联使用（如图 4-3a 所示），由于电容器主要失效为短路，任何一个电容器短路都会使系统短路而失效，所以其可靠性框图应为电容器功能的串联系统，如图 4-3b 所示。

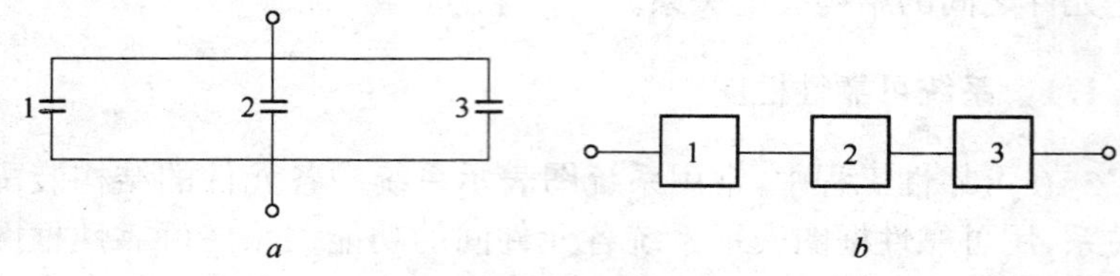

图 4-3　电容器系统

a—系统原理图；*b*—可靠性框图

同样，有一些元件在系统结构图中是串联的，而它们的功能关系却是并联系统。例如：为防止液体倒流，在较压系统中装有两个单向阀，如图 4-4*a* 所示。从功能关系看用一个单向阀就可以，用两个是储备法。图 4-4*b* 所示为并联系统。

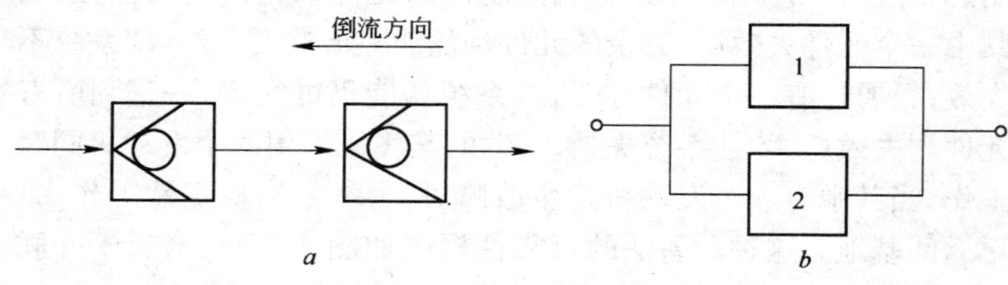

图 4-4　单向阀系统

a—系统原理图；*b*—可靠性框图

从以上分析可以看出，原理图与可靠性框图是不同的，可靠性框图不是表示结构情况，而是表明运转的成功状态。同一系统要求功能不同，可靠性框图也是不一样的。可靠性框图的作用，一是反映元件之间的功能关系；二是为计算系统的可靠度提供数学模型。

4.1.2　串联系统的可靠度

图 4-5 为由 n 个元件组成的串联系统可靠性框图。在组成系统的元件中，只要有一个失效，则系统就失效。

设系统的失效时间随机变量为 t，组成该系统的 n 个元件的失效时间随机变量为 $t_i(i=1,2,\cdots,n)$，则系统的可靠度为：

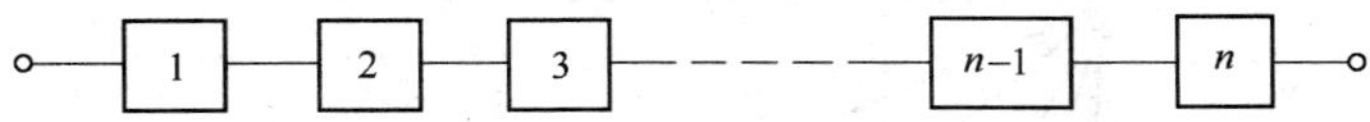

图 4-5 n 个元件的串联系统可靠性框图

$$R_s(t)=P[(t_1>t)\cap(t_2>t)\cap\cdots\cap(t_n>t)]$$

上式说明，在串联系统中，要使系统可靠地运行，就必须要求每一元件的失效时间都大于系统规定的失效时间。假定各元件的失效时间 $t_1,t_2,\cdots,t_n$ 之间相互独立，根据乘法定理，上式可写成：

$$R_s(t)=P(t_1>t)P(t_2>t)\cdots P(t_i>t)\cdots P(t_n>t)$$

式中 $P(t_i>t)$——第 i 个元件的可靠度 $R_i(t)$。

故：

$$\left.\begin{aligned} R_s(t) &= R_1(t)R_2(t)\cdots R_n(t) = \prod_{i=1}^{n} R_i(t) \\ R_n &= R_1 R_2\cdots R_i\cdots R_n(t) = \prod_{i=1}^{n} R_i \end{aligned}\right\} \tag{4-1}$$

串联系统的可靠度 R_s 与串联元件的数量 n 及元件可靠度 R_i 有关。图 4-6 中曲线表示串联系统中各元件的可靠度相同时 $(R_1=R_2=\cdots=R_n=R)$，R_s 与 R 及 n 之间的关系。由图可见，随着元件可靠度的减小和元件数量的增加，串联系统的可靠度将迅速降低。

设各元件的失效率分别为 $\lambda_1(t)$、$\lambda_2(t)$、…、$\lambda_n(t)$，则可靠度为：

$$\left.\begin{aligned} R_1(t) &= \exp\left[-\int_0^t \lambda_1(t)\mathrm{d}t\right] \\ R_2(t) &= \exp\left[-\int_0^t \lambda_2(t)\mathrm{d}t\right] \\ &\vdots \\ R_n(t) &= \exp\left[-\int_0^t \lambda_n(t)\mathrm{d}t\right] \end{aligned}\right\} \tag{4-2}$$

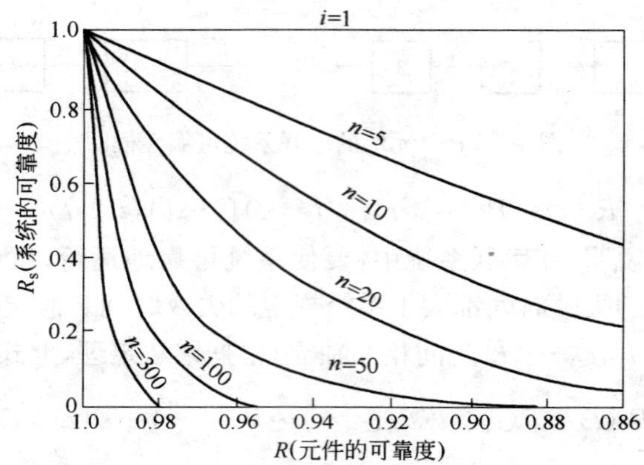

图 4-6　n 个可靠度相同的元件串联后的 R_s

代入式 4-1 得：

$$R_s(t) = \exp\left\{-\int_0^t [\lambda_1(t) + \lambda_2(t) + \cdots + \lambda_n(t)]\mathrm{d}t\right\}$$
$$= \exp\left[-\int_0^t \lambda_s(t)\mathrm{d}t\right] \tag{4-3}$$

于是有：

$$\lambda_s(t) = \lambda_1(t) + \lambda_2(t) + \cdots + \lambda_n(t) = \sum_{i=1}^{n} \lambda_i(t) \tag{4-4}$$

上式说明，对串联系统来说，系统失效率 $\lambda_s(t)$ 是各元件失效率之和。

由于可靠性预测主要是针对系统的正常工作期，一般可认为各元件的失效率基本上为常数：$\lambda_1(t) = \lambda_1$，这时元件平均寿命为 $T_i = \frac{1}{\lambda_i}$，则系统也是失效概率 $\lambda_s(t)$ 为常数 λ_s 的指数分布，所以系统工作的平均寿命为：

$$T_n = \frac{1}{\lambda_n} = \frac{1}{\lambda_1 + \lambda_2 + \cdots + \lambda_n} = \frac{1}{\sum_{i=1}^{n} \lambda_i} \tag{4-5}$$

系统可靠度为：

$$R_s = e^{-\lambda_s t} = \exp\left[-\frac{t}{T_s}\right] = \exp\left[-t\sum_{i=1}^{n}\lambda_i\right] \tag{4-6}$$

串联系统是由各单元之间串联组成，串联单元越多则系统可靠度越低，系统可靠度低于系统中最薄弱单元的可靠度。因此，如果最薄弱单元环节能承受最大载荷或最危险环境时，就认为系统是成功了。

4.1.3 并联系统的可靠度

并联系统对提高航天系统的可靠性与长寿命有重要作用，为了提高可靠性往往采用单元并联的方法。并联系统是指组成系统的元件，只有在全部发生故障后系统才失效。由于并联系统有重复的元件，而且只要还有一个元件不失效就能使系统工作，所以又称为工作贮备系统。并联系统的可靠性框图如图 4-7 所示。

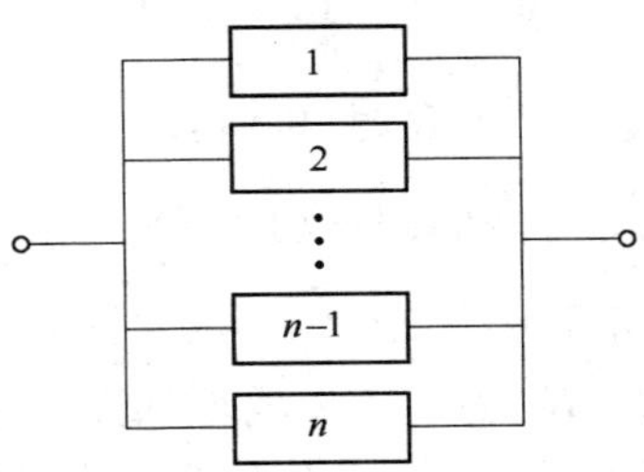

图 4-7 并联系统可靠性框图

设并联系统失效时间随机变量为 t，系统中第 i 个元件失效时间随机变量为 t_i，则对于由 n 个元件所组成的并联系统的失效概率为：

$$F_n(t) = P[(t_1 \leqslant t) \cap (t_2 \leqslant t) \cap \cdots \cap (t_n \leqslant t)]$$

这就是说，在并联系统中，只有在每个元件的失效时间都达不到系统所要求的工作时间时（即每个元件同时都失效），系统才可能失效。因此，系统的失效概率就是元件全部同时失效的概率。

设各元件的失效时间随机变量互为独立，则根据概率乘法定理得：

$$F_s(t)=P(t_1\leqslant t)P(t_2\leqslant t)\cdots P(t_1\leqslant t)\cdots P(t_n\leqslant t)$$

式中　$P(t_i\leqslant t)$——第 i 个元件本身的失效概率，即

$$P(t_i\leqslant t)=F_i(t)=1-R_i(t)$$

故：

$$\begin{aligned}F_s(t)&=[1-R_1(t)][1-R_2(t)]\cdots[1-R_n(t)]\\&=\prod_{i=1}^{n}[1-R_i(t)]\end{aligned}$$

于是，并联系统的可靠度为：

$$\left.\begin{aligned}R_s(t)&=1-F_s(t)=1-\prod_{i=1}^{n}[1-R_i(t)]\\R_s&=1-F_s=1-\prod_{i=1}^{n}(1-R_i)\end{aligned}\right\}\tag{4-7}$$

当 $R_1=R_2=\cdots=R_n=R$ 时，则有：

$$R_s=1-(1-R)^n\tag{4-8}$$

表 4-1 列出了不同的 R 值及 $n=2,3,4$ 时按式 4-8 计算求得的 R_s 值。由表可知，R_s 随 n 及 R 的增加而增加，在提高元件的可靠度受到限制的情况下(由于技术上不可能或成本过高)，采用低可靠度的元件并联，即可提高系统的可靠度。不过这时系统结构复杂了。

表 4-1　并联系统可靠度 R_s 与元件 R 及元件数 n 的关系

n	R_s				
	$R=0.6$	$R=0.7$	$R=0.8$	$R=0.9$	$R=0.95$
2	0.8400	0.9100	0.9600	0.9900	0.9975
3	0.9360	0.9730	0.9920	0.9990	0.999875
4	0.9744	0.9919	0.0084	0.9999	0.99999375

在机械系统中，实际应用较多的是 $n=2$ 的情况。在 $n=2$ 时，并联系统的可靠度为：

$$R_s=1-(1-R)^2=2R-R^2 \tag{4-9}$$

如元件为指数分布，$R(t)=e^{-\lambda t}$，则有：

$$R(t)=2e^{-\lambda t}-e^{-2\lambda t} \tag{4-10}$$

系统的失效率 $\lambda_s(t)$ 为：

$$\lambda_s(t)=\frac{-1}{R_s(t)}\times\frac{dR_s(t)}{dt}=2\lambda\frac{1-e^{-\lambda t}}{2-e^{-\lambda t}} \tag{4-11}$$

系统失效曲线如图 4-8 所示。由图可见，在元件失效率为常数时，并联系统的失效率不是常数，但随时间 t 的增加，λ_s 将趋于 λ。

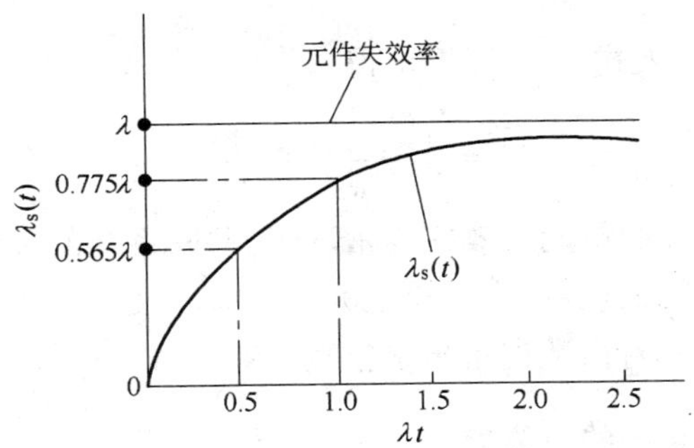

图 4-8 并联系统失效率 $\lambda_s(t)$

由前面求数学期望公式，用 $f(t)=-\dfrac{dR(t)}{dt}$ 代入得：

$$T=\int_0^{\infty}tf(t)dt=\int_0^{\infty}t\left[-\frac{dR(t)}{dt}\right]dt=\int_0^{\infty}-tdR(t)$$

用分部积分法积分得：

$$T=-[tR(t)]_0^{\infty}+\int_0^{\infty}R(t)dt$$

因为：$t\to\infty, R(\infty)=0$，则

$$-[tR(t)]_0^{\infty}=-t\times 0+0\times R(t)=0$$

所以：

$$T=\int_0^{\infty}R(t)\mathrm{d}t \tag{4-12}$$

利用式 4-12 可求出 $n=2$ 时并联系统工作的平均寿命 T_s：

$$\begin{aligned}T_s&=\int_0^{\infty}R_s(t)\mathrm{d}t=\int_0^{\infty}[2\mathrm{e}^{-\lambda t}-\mathrm{e}^{-2\lambda t}]\mathrm{d}t\\&=\frac{2}{\lambda}-\frac{1}{2\lambda}=\frac{3}{2\lambda}=1.5T\end{aligned} \tag{4-13}$$

一般情况下，$\lambda_1\neq\lambda_2$ 时：

$$\begin{aligned}R_s&=1-(1-R_1)(1-R_2)=R_1+R_2-R_1R_2\\&=\mathrm{e}^{-\lambda_1 t}+\mathrm{e}^{-\lambda_2 t}-\mathrm{e}^{-(\lambda_1+\lambda_2)t}\end{aligned} \tag{4-14}$$

把上式代入式 4-12 可以求得：

$$T_s=\frac{1}{\lambda_1}+\frac{1}{\lambda_2}-\frac{1}{\lambda_1+\lambda_2} \tag{4-15}$$

并联系统的单元失效率为常数时，并联系统的失效率不再是常数，而是时间的函数，也就是说并联系统单元寿命服从指数分布时，并联系统的寿命数据不再是指数分布。

4.1.4　贮备系统的可靠度

贮备系统也属于并联系统，它与上述一般并联系统不同，当只有一个元件工作时，其他元件不工作而作贮备。当工作元件出现故障后，贮备元件立即工作，使系统工作不致中断。因此也称之为非工作贮备系统或后备系统，如图 4-9 所示。

由 n 个元件组成的贮备系统，如果故障检查器与转换开关可靠度很高（即接近 100%，它不影响系统可靠度），在给定的时间内，只要失效元件数不多于 $(n-1)$ 个，系统均不会失效。设元件的失效率都相等，即 $\lambda_1(t)=\lambda_2(t)=\cdots=\lambda_n(t)=\lambda$，则系统的可靠

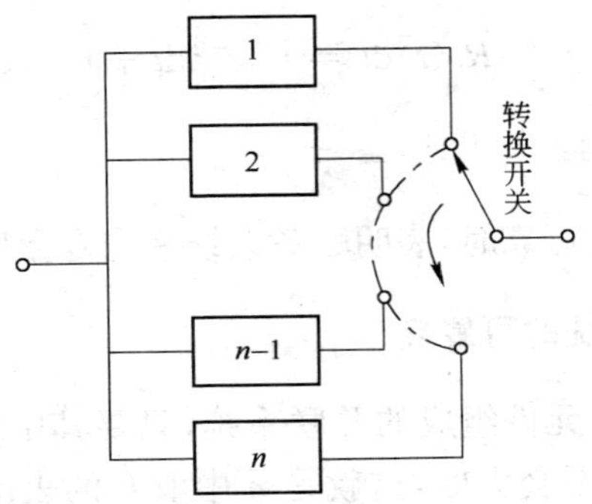

图 4-9 贮备系统可靠性框图

度按泊松分布的部分求和公式为：

$$R_s(t)=e^{-\lambda t}\left[1+\lambda t+\frac{(\lambda t)^2}{2!}+\cdots+\frac{(\lambda t)^{n-1}}{(n-1)!}\right] \tag{4-16}$$

如 $n=2$，则有：

$$R_s(t)=e^{-\lambda t}(1+\lambda t) \tag{4-17}$$

$$\lambda_s=-\frac{1}{R_s} \quad \frac{dR_s}{dt}=\frac{\lambda^2 t}{1+\lambda t} \tag{4-18}$$

λ_s 曲线的图形如图 4-10 所示，该曲线比并联系统 λ_s 曲线更慢地趋近 λ，即 λt 相同时，贮备系统 λ_s 更小。

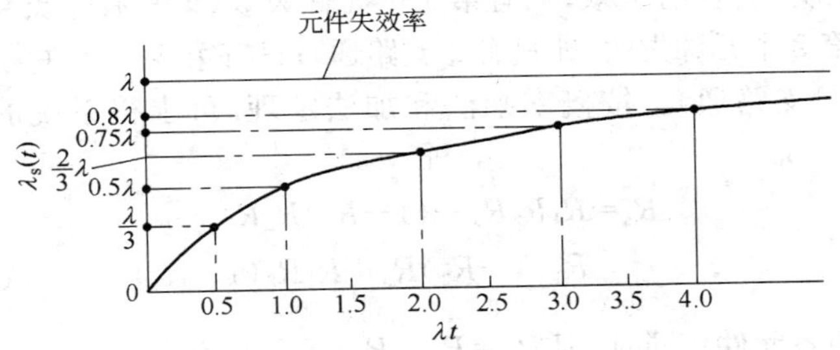

图 4-10 两个元件的贮备系统的失效率 λ_s 曲线

这时贮备系统的平均寿命 T_s 为：

$$T_s = \int_0^\infty R_s(t)\mathrm{d}t = \int_0^\infty \mathrm{e}^{-\lambda t}\mathrm{d}t + \int_0^\infty \lambda t \mathrm{e}^{-\lambda t}\mathrm{d}t$$
$$= \frac{1}{\lambda} + \frac{1}{\lambda} = \frac{2}{\lambda} = 2T \tag{4-19}$$

当开关非常可靠时，表明贮备系统平均寿命比并联系统高。

4.1.5　表决系统的可靠度

一个由 n 个元件组成的并联系统，只要其中任意个 k 元件不失效，则系统就不会失效，这就是 n 中取 k 的表决系统，记为 k/n 系统。在机械系统中通常只用最简单的 3 中取 2 表决系统，记为 2/3 系统。它是 3 个元件并联，要求系统中不能多于一个元件失效，其可靠性框图如图 4-11 所示。此系统有 4 种成功的工作情

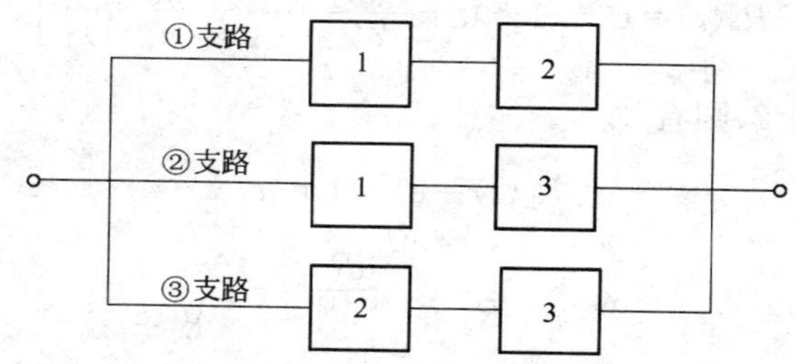

图 4-11　2/3 系统可靠性框图

况：全部元件没有失效；只有第 1 个元件失效（即只有③支路通）；只有第 2 个元件失效（即只有②支路通）；只有第 3 个元件失效（即只有①支路通）。按概率乘法和加法定理，可求得系统的可靠度为：

$$R_s = R_1R_2R_3 + (1-R_1)R_2R_3 + R_1(1-R_2)R_3 + R_1R_2(1-R_3) \tag{4-20}$$

当各元件相同时，即 $R_1 = R_2 = R_3 = R$，则有：

$$R_s = R^3 + 3(1-R)R^2 = 3R^2 - 2R^3 \tag{4-21}$$

设 $R = \mathrm{e}^{-\lambda t}$，则有：

$$T_s = \int_0^\infty R_s \mathrm{d}t = \int_0^\infty [3\mathrm{e}^{-2\lambda t} - 2\mathrm{e}^{-3\lambda t}]\mathrm{d}t$$
$$= \frac{3}{2\lambda} - \frac{2}{3\lambda} = \frac{5}{6\lambda} = \frac{5T}{6} \tag{4-22}$$

4.2 一般系统可靠性分析

实际结构系统是复杂的，有些不能用简单的串、并联可靠性框图来描述，这些系统被称为一般系统，如航天、航空、通信、电路系统与计算机系统等。下面介绍几种常见的方法，即状态枚举法、全概率分析法、布尔定理展开法、最小路集分析法、最小割集分析法、图解法与蒙特卡洛法(Monte-Carlo 法)等。

4.2.1 路集、最小路集与割集、最小割集

一个复杂的系统分析起来比较困难，采用有规律的分析方法，能系统地解决大型复杂问题。

路集、最小路集：

(1) 路集：可靠性框图分析状态变量的一个子集，可靠性框图分析中的成功路线的集合。

(2) 最小路集：当研究的子集中所有单元完好时，系统完好，其中任一单元故障时，系统故障(假设除该子集以外的单元均是故障的)。

割集、最小割集：

(1) 割集：可靠性框图分析状态变量的一个子集，在可靠性分析中系统失效线路的集合。

(2) 最小割集：当研究的子集中所有单元故障时系统故障，当其中任一单元完好时，系统也不发生故障(假设研究的子集以外的单元均是完好的)。

图 4-12 所示的路集为{*DE*}、{*F*}、{*AC*}、{*BC*}、{*ACEDF*}、{*ABCDEF*}等；最小路集为{*AC*}、{*BC*}、{*DE*}、{*F*}。在{*ACEDF*}中任意去掉一个单元 *E* 或 *D* 仍然还是路集，故

$\{ACEDF\}$不是最小路集。而$\{DE\}$、$\{AC\}$、$\{BC\}$等中任意去掉两个单元就不再是路集了，因此它们是最小路集。

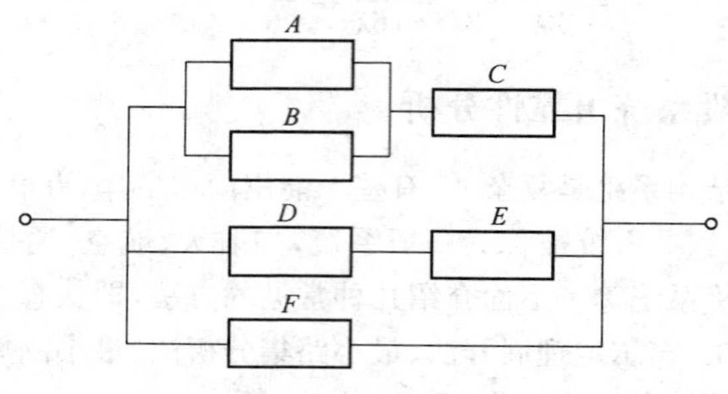

图 4-12　可靠性框图

割集为$\{ABCDF\}$、$\{ABCEF\}$、$\{ABDF\}$、$\{ABEF\}$、$\{CDF\}$、$\{CEF\}$等。

最小割集为$\{ABDF\}$、$\{ABEF\}$、$\{CDF\}$、$\{CEF\}$。割集内的单元数是割集的阶数。

在割集$\{ABCDF\}$中任意去掉一个单元如 C，则$\{ABDF\}$仍是割集，因此不是最小割集。而$\{ABDF\}$、$\{ABEF\}$、$\{CDF\}$与$\{CEF\}$割集中，任意去掉一个单元，就不再是割集了，所以它们是最小割集。

4.2.2　对偶函数

设两个函数 $\Phi^D(x)$与 $\varphi(x)$，若满足：

$$\varphi(x)=1-\Phi^D(1-x) \tag{4-23}$$

则两个函数互为对偶函数。例如将一个串联系统变为相应的并联系统，则两者之间为对偶关系。

如图 4-13 所示，串联系统的结构函数为：

$$\varphi_c(x) = x_1 \cap x_2 \cap x_3 = \prod_{i=1}^{3} x_i ,\varphi_c(x) \tag{4-24}$$

并联系统的结构函数为：

$$\varphi_{p}(x)=x_1 \cup x_2 \cup x_3 \tag{4-25}$$

现把串联系统结构函数进行对偶变换，则有：

$$\begin{aligned}\Phi^{D}(x)&=1-(1-x_1)(1-x_2)(1-x_3)\\&=\overline{(1-x_1)\cap(1-x_2)\cap(1-x_3)}\\&=x_1\cup x_2\cup x_3\end{aligned} \tag{4-26}$$

经变换得到并联系统的结构函数，这样证明了两个系统是对偶的。

串联系统结构函数（图 4-13a）的对偶函数等于并联系统结构函数（图 4-13b）。同理，并联系统结构函数的对偶函数是串联系统的结构函数。

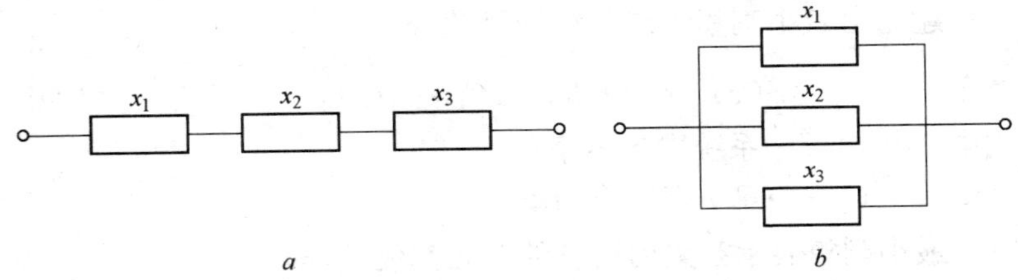

图 4-13　对偶系统表示图

a—串联系统框图；b—并联系统框图

进一步分析可以证明，可靠性框图的路集与割集对偶，反之亦然；最小割集与最小路集对偶，反之亦然。

这样，为了求原可靠性框图的路集（或割集），亦可以在对偶系统中求割集（或路集），其结果一样，方便了分析过程。

4.2.3　最小路集法求系统可靠度

用最小路集法求系统可靠度的具体步骤是首先求出系统内的最小路集 $L_1, L_2, \cdots, L_n$，建立由最小路集组成的结构函数，即

$$\varphi(x)=\bigcup_{i=1}^{n} L_i \tag{4-27}$$

系统的可靠度为：

$$R = P(\varphi(x)) = P\left(\bigcup_{i=1}^{n} L_i\right) \tag{4-28}$$

对于一般情况表示为：

$$R = \sum_{i=1}^{n} P(L_i) - \sum_{i<j=2}^{n} P(L_i L_j) + \sum_{i<j<k=3}^{n} P(L_i L_j L_k) + (-1)^{n-1} P(L_1 L_2 \cdots L_k) \tag{4-29}$$

4.2.4 最小割集法求系统可靠度

用最小割集法求系统可靠度的具体步骤是首先求出系统内的最小割集 $C_1, C_2, \cdots, C_n$，其中 C_i 是系统的第 i 个最小割集。

建立由最小割集组成的结构函数，即

$$\varphi(x) = C_1 \bigcup C_2, \cdots, C_i, \cdots, C_{n-1} \bigcup C_n \tag{4-30}$$

式中 $\varphi(x)$——系统失效概率；

C_i——第 i 个最小割集。

最小割集表示割集内所有的单元都失效，即

$$C = (1 - x_i) \bigcap (1 - x_2) \bigcap \cdots \bigcap (1 - x_n) \tag{4-31}$$

式中 C——由 i 个单元组成的最小割集；

$1 - x_i$——第 i 个单元的失效状态。

系统失效表示至少有一个最小割集存在，即

$$\overline{S} = \bigcup_{i=1}^{k} C_i \tag{4-32}$$

式中 $\overline{S}$——由最小割集组成的失效系统。

第 i 个最小割集存在表示该割集内每个单元的故障，即

$$C_i = \bigcap_{x_{it} \in C_i} \overline{x_{it}} \tag{4-33}$$

式中 $\overline{x_{it}}$——割集 C_i 内的第 i 个故障单元。

由于最小割集之间是相交的，故需用相容事件的概率公式计

算系统的不可靠度 F_s，即

$$F_s = P(\overline{S}) = P\left(\bigcup_{i=1}^{k} C_i\right) = \sum_{i=1}^{k} P(C_i) - \sum_{i=1}^{k} P(C_i \cap C_m) + \sum_{i<m<n=3}^{k} P(C_iC_mC_n) + \cdots + (-1)^{n-1} P\left(\bigcap_{i=1}^{k} C_i\right) \tag{4-34}$$

系统的可靠度为：

$$R_s = 1 - F_s \tag{4-35}$$

4.2.5 状态枚举法

对于特殊的可靠性框图，虽然部件数不多($n<7$)，但分析起来比较困难，采用状态枚举法(穷举法)或者叫布尔真值表法进行分析就比较容易了。该法步骤清晰、直观、易懂，但部件太多时就很麻烦了。

状态枚举法是从分析各单元的状态对系统的贡献，计算系统可靠度的方法。我们知道，每个单元只有 2 种状态，正常与失效，而 n 个单元就有 2^n 个状态。分析单元的状态的组合使系统的状态为正常或失效状态，即 $S(i)$正常、$F(i)$失效。每种状态的正常情况时的概率之和就是系统的可靠度。

请看一个简单的例子，如图 4-14 所示。

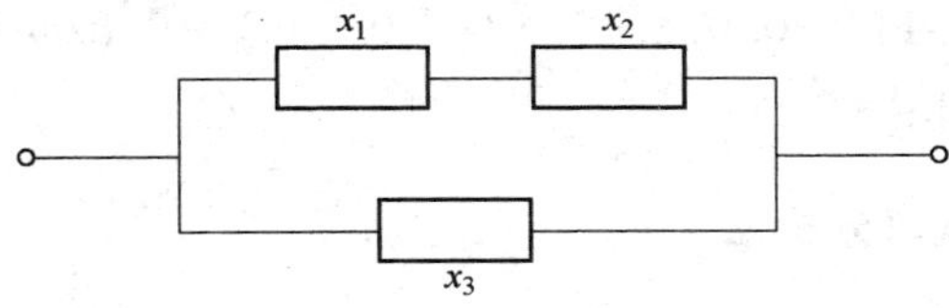

图 4-14 可靠性框图

设单元可靠度为 $x_1=0.7$，$x_2=0.8$，$x_3=0.6$，用混联的局部代替法得到系统可靠度为：

$$x_5 = 1-(1-x_1x_2)(1-x_3) = 0.824$$

而枚举法的状态为 $2^3=8$，数据见表 4-2。

表 4-2　状态枚举法数据表

单元 状态	R_1	R_2	R_3	系统状态	概　率
1	0	0	0	$F(3)$	0
2	0	0	1	$S(1)$	$(1-R_1)(1-R_2)R_3=0.3\times0.2\times0.6=0.36$
3	0	1	1	$S(2)$	$(1-R_1)R_2R_3=0.3\times0.8\times0.6=0.144$
4	1	0	1	$S(2)$	$R_1(1-R_2)R_3=0.7\times0.2\times0.6=0.084$
5	1	1	0	$S(2)$	$R_1R_2(1-R_3)=0.7\times0.8\times(1-0.6)=0.224$
6	0	1	0	$F(2)$	0
7	1	0	0	$F(2)$	0
8	1	1	1	$S(3)$	$R_1R_2R_3=0.7\times0.8\times0.6=0.336$

表 4-2 中 8 种状态号在第 1 列。2,3,4 列是各单元的状态，表中状态行中第 1 行到第 8 行是 8 种状态，如“1”行则三个单元均为零，用 $F(3)$表示，系统概率为零。“2”行中 R_1、R_2 为失效状态，仅 R_3 为正常状态，则系统正常，$S(1)$表示有一个单元是成功的状态，其结果的概率为 0.036，以下依次类推。$F(2)$表示有 2 个单元失效时系统失效的状态。

表 4-2 列举出了各种系统状态的概率，其概率之和为 $\Sigma(0.036+0.144+0.084+0.224+0.336)=0.824$，该结果与混联法的结果相同。

4.2.6　全概率分析法

全概率公式为：

$$P\{A\}=\sum_{i=1}^{n}P\{B_i\}P\{A\mid B_i\} \tag{4-36}$$

如果对于两种状态的事件，如成败、通断、好坏等情况，则全概率公式可以写成简单形式，即

$$P\{A\}=P\{AB+A\overline{B}\}=P\{B\}P\{A\mid B\}+P\{\overline{B}\}P\{A\mid\overline{B}\} \tag{4-37}$$

全概率公式可以把一个复杂事件分解为简单事件,可靠性就属于简单事件的一种。如以电桥电路的可靠性框图为例,将图中的 x_5 选作为合适单元,x_5 有成功与失效两种情况(图 4-15)。

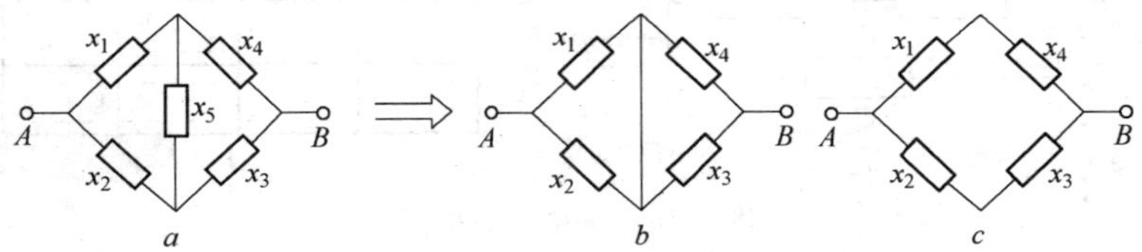

图 4-15 全概率分析分解图

a—可靠性框图;b—x_5 正常时框图;c—x_5 失效框图

系统的可靠度为:

$$\begin{aligned}R_s=&P(x_5)P[(x_1\cup x_2)\cap(x_3\cup x_4)]+\\&P(\overline{x_5})P[(x_1\cap x_4)\cup(x_2\cap x_3)]\end{aligned} \tag{4-38}$$

系统的不可靠度为:

$$\begin{aligned}F_s=&P(\overline{x_5})P[(\overline{x_2}\cap\overline{x_1})\cup(\overline{x_4}\cap\overline{x_3})]+\\&P(\overline{x_5})P[(\overline{x_1}\cap\overline{x_4})\cup(\overline{x_2}\cap\overline{x_3})]\end{aligned} \tag{4-39}$$

全概率分析法是将复杂的可靠性框图变成简单的串并联系统,该法也称为分解法。该法的关键问题是选择合适的单元进行分解。有时也把合适单元称为关键单元。

4.2.7 概率图法

概率图法也属于状态枚举法的范畴,它是用图形列出系统各单元的所有状态,求出各单元使系统正常工作的概率。该法比较形象、清晰,容易操作。但概率图法也不用于单元很多的系统,以免带来很大麻烦。概率图法是将组成系统的单元状态 2^n 个列在方格中,使系统正常的状态用“ * ”标出,计算所有“ * ”内的概率。在计算时,按单元独立状态进行划分,清除重叠相交的内容,使计算简单。

如图 4-16 所示，用概率图法求系统的可靠度，则有：

$$S = AB\overline{C} + C$$

$$R_s = P(S) = R_A R_B F_C + R_C = R_A R_B (1 - R_C) + R_C$$

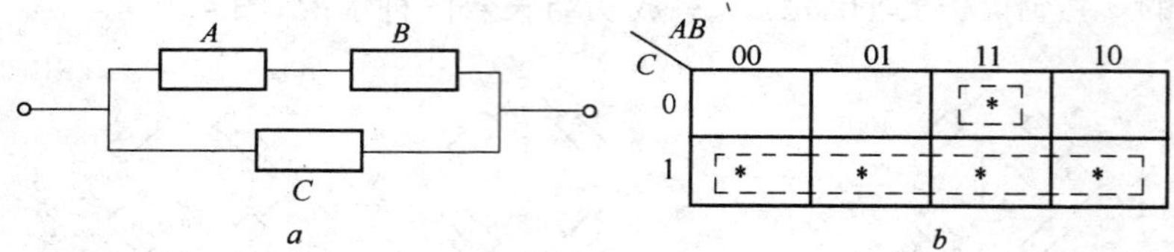

图 4-16　子单元方格图

a—可靠度框图；b—格雷码图

4.2.8　布尔展开定理的应用

布尔函数展开定理：设函数

$$y = f(x_1, x_2, \cdots, x_n) \tag{4-40}$$

令 $x_1 = 1$ 时，布尔函数为：

$$f_{1i} = f(x_1, x_2, \cdots, x_{i-1}, 1, x_{i+1}, \cdots, x_n) \tag{4-41}$$

令 $x_i = 0$ 时，布尔函数为：

$$f_{0i} = f(x_1, x_2, \cdots, x_{i-1}, 0, x_{i+1}, \cdots, x_n) \tag{4-42}$$

则布尔函数：

$$y = x_i f_{1i} + \overline{x_i} f_{0i} \tag{4-43}$$

此为布尔定理。该定理与全概率分解法的实质是一样的。

4.3　可靠性分配

系统可靠度分配是在系统设计时将系统的总的可靠度指标分配给系统的各个分系统、部件以及元器件的过程，为产品的生产制造过程提出可靠性要求，保证产品达到总的可靠性指标，该过程是可靠性预测的逆过程。由于分配过程是一个已知参数少求解参数较多的分析过程，因此是一个不确定的问题，对于一个串联系统，如果没有约束条件的话，则有无穷多解。因此，分配时应遵循下列几种原则：

（1）对于复杂度高的分系统、设备等，应分配较低的可靠性指标，因为可靠度越高越难加工。

（2）对于技术不成熟的产品，也应分配较低的可靠性指标，否则会延长研制时间，增加研制经费。

（3）对于恶劣环境条件下工作的产品，也应分配较低的可靠性指标，恶劣环境会增加产品的故障率。

（4）对于重要度高的产品，应分配较高的可靠性指标，严防人员与设备受到影响与伤害。

在进行分配时，首先必须明确目标函数和约束条件。一种是以系统可靠度指标为约束条件，把重量、体积、成本等系统参数尽量作为目标函数；另一种是给出重量、体积、成本等的限制条件，要求作出使系统可靠度尽量高的分配。同时还应该根据系统的用途，并考虑到元件可靠度的大小，元件结构复杂程度，元件在系统中的重要性等方面困难。因此可靠性分配是把可靠性与优化设计结合起来的一种设计方法。下面介绍几种常用的可靠性分配方法。

4.3.1　等分配法

等分配法是最简单的一种分配方法。它是对系统中的全部元件分配以相等的可靠度。

串联系统：如果系统中 n 个元件的复杂程度与重要性以及制造成本都较接近，当把它们串联起来工作时，系统的可靠度则为 R_{sa}。各元件分配的可靠度为 R_{ia}：

$$R_{sa} = \prod_{i=1}^{n} R_{ia} = R_{ia}^{n} \tag{4-44}$$

$$R_{ia} = (R_{sa})^{\frac{1}{n}} \quad (i=1,2,\cdots,n) \tag{4-45}$$

并联系统：当系统可靠度要求很高（如 $R_{sa}>0.99$），而选用现有的元件又不能满足要求时，往往选用 n 个相同元件并联的系统，这时元件可靠度可大大低于系统可靠度 R_{sa}。

$$R_{sa}=1-(1-R_{in})^n \tag{4-46}$$

则元件的分配可靠度 R_{ia} 为：

$$R_{ia}=1-(1-R_{sa})^{\frac{1}{n}} \quad (i=1,2,\cdots,n) \tag{4-47}$$

4.3.2 按相对失效率来分配可靠度

相对失效率法是使每个元件的容许失效率正比于预计的失效率，这种方法适用于失效率为常数的串联系统，任一元件失效都会引起系统失效。同时，假定元件的工作时间等于系统的工作时间，这时元件与系统的失效率之间的关系式为：

$$\sum_{i=1}^{n}\lambda_{ia}=\lambda_{sa} \tag{4-48}$$

式中 λ_{ia}——分配给元件 i 的失效率；

λ_{sa}——系统失效率指标(即容许的失效率)。

这种方法的分配步骤如下：

(1) 根据统计数据或现场使用经验得到各元件的预计失效率 λ_i；

(2) 由元件预计失效率 λ_i 计算出每一元件分配时的权系数——相对失效率 w_i：

$$w_i=\frac{\lambda_i}{\lambda_{sp}}=\frac{\lambda_i}{\sum_{i=1}^{n}\lambda_i} \quad (i=1,2,\cdots,n) \tag{4-49}$$

式中 w_i——元件 i 的失效率 λ_i 与系统的预计失效率 $\lambda_{np}=\sum_{i=1}^{n}\lambda_i$ 的比。

由上式可知，系统中所有元件的相对失效率 w_i 的总和等于 1，即 $\sum_{i=1}^{n}w_i=1$。

(3) 用下式计算各元件的容许失效率 λ_{ia}(即分配到元件的失效率):

$$\lambda_{ia}=w_i\lambda_{sa} \tag{4-50}$$

4.3.3 按子系统的复杂度来分配可靠度

设系统可靠度指标为 R_{sa},各子系统应分配到的可靠度为 R_{1a},R_{2a},…,R_{na},对于串联系统:

$$R_{sa}=\prod_{i=1}^{n}R_{ia} \tag{4-51}$$

设系统的可靠度指标为 F_s,各子系统应分配到的可靠度为 F_1,F_2,…,F_n,则对于串联系统有:

$$R_{sa}=1-F_s=\prod_{i=1}^{n}(1-F_i) \tag{4-52}$$

各子系统的失效概率 F_i 一般正比于各子系统的复杂度 C_i,在求出 F_i 与 C_i 的比例后,即可求出 F_i。

设 $F_i=KC_i$,则:

$$R_{sa}=\prod_{i=1}^{n}(1-KC_i) \tag{4-53}$$

根据子系统的结构复杂程度与零、部件数目,即可定出复杂度 C_i 的值。当系统可靠度指标 R_{sa} 与 C_i 已知时,K 值可以由式4-53求出。再通过 $R_{ia}=1-KC_i$ 即可求出子系统的可靠度。由于式 4-53 是 K 的 n 次方程,用迭代法可得出近似解。工程实用中可用相对复杂度来近似求解。

相对复杂度 v_i 与相对失效率 w_i 相似,可按下式计算:

$$v_i=\frac{C_i}{\sum_{i=1}^{n}C_i} \tag{4-54}$$

各子系统相对复杂度的总和等于 1,即

$$\sum_{i=1}^{n} v_i = 1$$

各子系统的失效概率 F_i，近似用相对复杂度 v_i 与系统失效概率的乘积来表示，即

$$F_i \approx v_i F_s \tag{4-55}$$

然后进行必要的修正，即可满足要求。

4.3.4 按复杂度与重要度来分配可靠度

这是一种综合方法，它同时考虑了各子系统的复杂度与重要度以及子系统和系统之间的失效关系。所谓子系统的重要度 E_i 是指子系统 i 的故障会引起系统失效的概率［即 P（系统失效/子系统 i 故障）是条件概率］。

假定系统可靠度指标为 R_{sa}，系统有几个子系统，它们的复杂度和重要度分别为 C_i 和 E_i，则对于串联系统：

$$R_s = \prod_{i=1}^{n} R_i = \prod_{i=1}^{n} \exp[-E_i \lambda_i t_i] \tag{4-56}$$

式中 R_i、λ_i、t_i——分别为子系统 i 的可靠度、失效率及工作时间。

若第 i 个子系统的相对复杂度为 $v_i = \dfrac{C_i}{\sum_{i=1}^{n} C_i}$，并注意到 λt 甚小时有 $e^{-\lambda t} \approx 1-\lambda t$ 这一关系，则 R_i 和 R_s 的关系为：

$$R_i = 1 - E_i \lambda_i t_i = 1 - E_i[1 - e^{-\lambda_i t_i}] = R_s^{v_i} \tag{4-57}$$

上式 R_s 用可靠度指标 R_{sa} 代入后，λ_i 即为分配的失效率 λ_{ia}，这时即导出第 i 个子系统在 t_i 时的分配可靠度为：

$$R_{ia}(t_i) = \exp[-\lambda_{ia} t_i] = 1 - \frac{1 - R_{sa}^{v_i}}{E_i} \tag{4-58}$$

而子系统失效率 λ_{ia} 为：

$$\lambda_{ia}=\frac{v_i(-\ln R_{sa})}{E_i t_i} \tag{4-59}$$

4.3.5 花费最小的最优化分配方法

对于由 n 个元件组成的串联系统，若元件的预计可靠度为 $R_1, R_2, \cdots, R_n$，则系统的预计可靠度为 $R_{sp}=\prod_{i=1}^{n} R_i$。假如要求的可靠度指标 $R_{sa}>R_{sp}$，则系统中至少有一个以上元件的可靠度要提高，即元件分配可靠度 R_{ia} 要大于元件预计可靠度 R_a，这要花去一定的费用，称之为“花费”。它包括元件进一步研制、试验、采用新工艺等费用。取费用函数 $G(R_i, R_{ia})$，$i=1,2,\cdots,n$，亦即使第 i 个元件的可靠度由 R_i 提高到 R_{ia} 需要的“花费”。显然 $(R_{ia}-R_i)$ 的值越大，表明可靠度提高幅度越大，费用函数 $G(R_i, R_{ia})$ 值越大；R_i 的值越大，$(R_{ia}-R_i)$ 所需费用也越高。

要使系统可靠度由 R_{sp} 提高到 R_{sa} 的总花费为 $\sum_{i=1}^{n} G(R_i, R_{ia})$，$i=1,2,\cdots,n$，我们希望花费为最小。

花费最小的最优化数学模型为：

$$\left.\begin{aligned}&\text{目标函数：}\min\sum_{i=1}^{n} G(R_i, R_{ia})\\&\text{约束条件：}\prod_{i=1}^{n} R_{ia}\geqslant R_{sa}\end{aligned}\right\} \tag{4-60}$$

设 j 表示系统中应提高可靠度的元件序号，j 从 1 开始递次增大：

$$R_{0j}=\left[\frac{R_{sa}}{\prod_{i=j+1}^{n+1} R_i}\right]^{\frac{1}{j}}>R_i \tag{4-61}$$

式 4-61 说明，欲使系统获得所要求的可靠度指标 R_{sa}，从 $1\sim j$ 各元件的可靠度均应提高到 R_{0j}。如果 j 继续增大，达到某一值后使得：

$$R_{0j+1}=\left[\frac{R_{\mathrm{sa}}}{\prod_{i=j+1}^{n+1}R_i}\right]^{\frac{1}{j+1}}<R_{j+1} \tag{4-62}$$

式 4-62 说明，元件 $j+1$ 预计可靠度 R_{j+1} 已比提高到 R_{0j+1} 值大，因此，j 代表需要提高可靠度的元件序号的最大值。

为使系统达到可靠度指标 R_{sa}，令 $j=k_0$，$i=1,2,\cdots,k_0$ 的各元件的分配可靠度 R_{a} 均应提高到：

$$R_{k_0}=\left[\frac{R_{\mathrm{sa}}}{\prod_{i=k_0+1}^{n+1}R_i}\right]^{\frac{1}{k_0}}=R_{\mathrm{a}} \tag{4-63}$$

即从元件 $i=1,2,\cdots,k_0$ 的各元件分配可靠度皆为 R_{a}，对于 $i=k_0+1,\cdots$ 的各元件可靠度均保持原预计可靠度 R_i 不变，即最优化问题具有唯一解为：

$$R_i=\begin{cases}R_{\mathrm{a}} & i\leqslant k_0\\ R_i & i>k_0\end{cases} \tag{4-64}$$

提高后系统可靠度指标 R_{sa} 为：

$$R_{\mathrm{sa}}=R_a^{k_0}\prod_{i=k_0+1}^{n+1}R_i \tag{4-65}$$

4.3.6　用动态规划法分配贮备度

若可靠度 R 是费用 x 的函数，并可分解为：

$$R(x)=f_1(x_1)+f_2(x_2)+\cdots+f_n(x_n) \tag{4-66}$$

那么，在费用 x 为：

$$x=x_1+x_2+\cdots+x_n \tag{4-67}$$

的条件下，系统可靠度 $R(x)$ 最大的问题就称为动态规划。这里，费用 x_i 是任意正数，n 为整数。

因为 $R(x)$ 的最大值是由 x 和 n 来决定的，所以可以把它写成：

$$\varphi_n(x)=\max_{x\in\Omega}R(x_1,x_2,\cdots,x_n) \tag{4-68}$$

Ω 是满足式 4-68 解的集合。

如果在第 n 次活动中分配到的 x 量为 $x_0(0\leqslant x_n\leqslant x)$，由 x_n 得到的利益为 $f_n(x_n)$，则根据式 4-68，由 x 的其余部分中分到 $x-x_n$ 时的所能得到的利益最大值为 $\varphi_{n-1}(x-x_n)$，所以，在第 n 次活动中分到 x_n、在其他活动中分到 $x-x_n$ 时的总利益为：

$$f_n(x_n)+\varphi_{n-1}(x-x_n) \tag{4-69}$$

因为求使这一总利益为最大的 x_n 是与使 $\varphi_n(x)$ 为最大有关的，所以：

$$\varphi_n(x)=\max_{0\leqslant x_n\leqslant x}[f_n(x_n)+\varphi_{n-1}(x-x_n)] \tag{4-70}$$

也就是说，虽然要对 $1,2,\cdots,n$ 一共 n 个进行分配，但没有必要同时对所有组合进行研究；在 $\varphi_{n-1}(x-x_n)$ 已是最优分配之后来考虑利益，就只需注意 x_n 的值就行了。另外，不管怎样选择 x_n，若要使总体的利益为最大，也必须进行使 $x-x_n$ 的利益成为最大那样的分配。这种方法通常称为最优化原理。

4.4 可修复系统的可靠性

较复杂的机械产品与机械系统都属于可修复系统，即出现故障后经过维修使系统恢复到正常状态。

4.4.1 维修度

维修是指维护可修复产品的正常工作所进行的工作。

维修度 $M(t)$ 是指“可以维修的产品，在规定的条件下和规定的时间内完成维修的概率”。因为完成维修的概率是随时间增加而增大的，它的形态和失效概率的形态相同，一般 $M(t)$ 也为指数分布，即：

$$M(t)=1-e^{-\mu t} \tag{4-71}$$

式中 μ——修复率，表示单位时间内完成维修的次数。

μ 与可靠度 $R(t)$ 中的失效率 λ 相对应。但要注意 μ 与 λ 的不同含义，我们希望 λ 越小越好，这时表示产品失效很慢，可靠度较高。相反，我们要求 μ 越大越好，这表示产品故障后很快会修好。修复率 μ 的倒数是平均修理时间 MTTR：

$$\text{MTTR}=\frac{1}{\mu} \tag{4-72}$$

MTTR 为修理一次平均需要的时间(h)。它和平均寿命时间的 MTTF(失效前平均时间，平均无故障时间)与 MTBF(平均故障间隔时间)相对应。MTTR 愈小，产品修理时间愈短，因此相对地增加了产品参加工作的时间。

为了提高维修度，必须考虑“维修三要素”：

(1) 在进行结构设计时，重视维修性设计，使产品易于修理；

(2) 维修人员要具有熟练的技能，平均技术等级要高；

(3) 供维修用的设备和系统，包括备件、维修用具、工具管理等要良好，即管理水平要高。

4.4.2 有效度

有效度 $A(t)$ 是指“可以维修的产品，在某时刻具有或维持其规定功能的概率”。因为可修复产品在可靠度(不发生故障的概率)之外，还有在发生故障后经过修理恢复到正常的可能，那么产品处于正常的概率就会增大。有效度就是可靠度和维修度结合起来的尺度，通常称为广义的可靠度。

由图 4-17 可见，当可修复产品，由正常状态 S 发展到故障状态

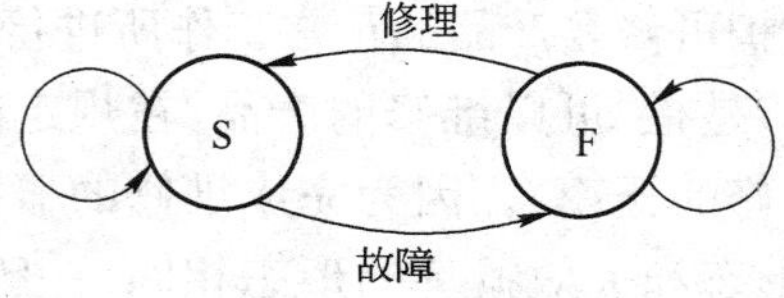

图 4-17 状态转移图

F时，经过又由F恢复到S这种不断转移的过程即为随机过程。

上述有效度 $A(t)$ 是产品工作到 t 时刻的瞬时有效度。由于我们大量研究的问题是产品长时间使用中的有效度问题，当时间趋于无限时，瞬时有效度的极限值称为稳态有效度 $A(\infty)$，一般将 $A(\infty)$ 简写为 A，它表示产品可工作时间对可工作时间与不能工作时间之和的比，即

$$A=\frac{\text{可工作时间}}{\text{可工作时间}+\text{不能工作时间}}=\frac{U}{U+D} \tag{4-73}$$

若产品的可靠度、维修度皆为指数分布时，$R(t)=e^{-\lambda t}$，$M(t)=1-e^{-\mu t}$，则瞬时有效度 $A(t)$ 的计算式为：

$$A(t)=\frac{\mu}{\lambda+\mu}+\frac{\lambda}{\lambda+\mu}e^{-(\lambda+\mu)} \tag{4-74}$$

式4-74中第一项为常数项，第二项为过渡项。当 $t\to\infty$ 时，式4-74中的第二项趋向于零，因此第一项就是稳态有效度 $A(\infty)$，即

$$A(t)=\frac{\mu}{\lambda+\mu}=\frac{\text{MTBF}}{\text{MTBF}+\text{MTTR}} \tag{4-75}$$

图4-18表示 $A(t)$ 随 t 的变化曲线。$A(t)$ 的渐近线即为 $A(\infty)$。对不可修产品，实际上 $A(t)=R(t)$，它以横坐标轴线为其渐近线。

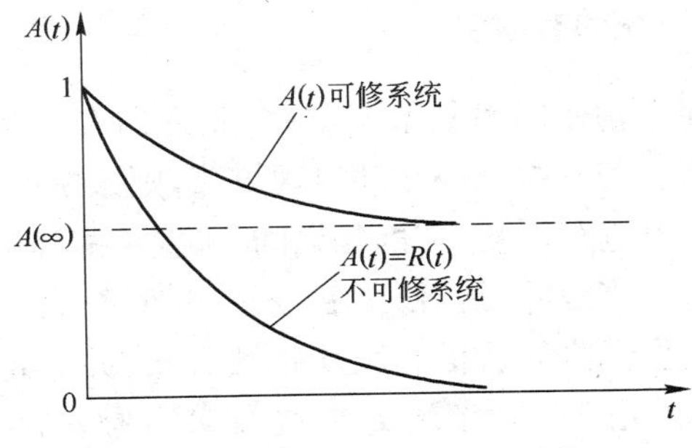

图4-18 有效度 $A(t)$ 曲线

由式 4-75 看出，要使有效度 A 增大，就要增加 MTBF 值，即降低失效率 λ 值，或减小 MTTR 值，即提高修复率 μ 值。为了取得最佳的技术经济效果，λ 与 μ 的值应取得协调。

对可修复的机械设备，要求总的工作时间为 t，允许的维修时间为 τ，如只许维修一次时，设备的有效度 $A(t,\tau)$ 由下式计算：

$$\begin{aligned} A(t,\tau) &= R(t) + \Delta M(t,\tau) = R(t) + F(t)M(\tau) \\ &= R(t) + [1-R(t)]M(\tau) \end{aligned} \tag{4-76}$$

式中 ΔM——t 时间前某一个时刻发生的故障，该故障在 τ 时间内结束修复的概率为 $M(\tau)$。

因此，$\Delta M(t,\tau)=F(t)M(\tau)$ 是条件概率，即失效和维修共同发生的概率，也是有效度的增量。

若 $R(t)=e^{-\lambda t}$，$M(\tau)=1-e^{-\mu\tau}$，则有：

$$\begin{aligned} A(t,\tau) &= e^{-\lambda t} + (1-e^{-\lambda t})(1-e^{-\mu\tau}) \\ &= 1-(1-e^{-\lambda t})e^{-\mu\tau} \end{aligned} \tag{4-77}$$

当设备为不可维修时，$\tau=0$，这时式 4-77 变为：

$$A(t,0)=e^{-\lambda t}=R(t) \tag{4-78}$$

即对不可修复系统，有效度就是可靠度。对可修复系统，进行一次修复，有效度包括可靠度 $R(t)$ 及其增量 $\Delta M(t,\tau)$ 两部分。

4.4.3 串联系统的有效度

由 n 个元件构成的串联系统，每个元件的失效及维修时间均服从指数分布。若其中某一元件出现故障，则系统处于故障状态，此时维修组立刻进行修复，在修复期间，未发生故障的元件也处于停止工作状态。当故障元件修复后，n 个元件又进入工作状态，系统恢复正常工作。修复后仍然服从指数分布，并假定各元件是相互独立的。n 个元件失效率均为 λ，维修率均为 μ 时，系统的有效度可按下式计算：

$$A(t)=\frac{\mu}{n\lambda+\mu}+\frac{n\lambda}{n\lambda+\mu}\exp[-(n\lambda+\mu)t] \tag{4-79}$$

$$A=\frac{\mu}{n\lambda+\mu} \tag{4-80}$$

当 n 个元件失效率分别为 λ_1、λ_2、…、λ_n，维修率分别为 μ_1、μ_2、…、μ_n 时，系统的稳态有效度为：

$$A=\frac{1}{1+\frac{\lambda_1}{\mu_1}+\frac{\lambda_2}{\mu_2}+\cdots+\frac{\lambda_n}{\mu_n}}=\frac{1}{1+\sum_{i=1}^{n}\frac{\lambda_i}{\mu_i}} \tag{4-81}$$

4.4.4 并联系统的有效度

假设两元件均为失效率 λ 的指数分布，修复率为 μ 的指数分布。当一元件发生故障后，立即由一个维修组进行修复，修复后仍为指数分布，若两元件相互独立，则这时并联系统的稳态有效度为：

$$A=\frac{\mu^2+2\lambda\mu}{\mu^2+2\lambda\mu+2\lambda^2} \tag{4-82}$$

4.4.5 维修方针

机械设备和系统的维修方针有事后维修与预防维修两大类，下面分别说明其特点与适用场合。

4.4.5.1 事后维修

系统发生故障后再进行维修的方法即为事后维修。由于它不需要预防维修时间，因而系统的有效度较高。但对于系统发生故障会带来重大经济损失和人身事故的场合，就不应采用这种维修方法。

现代机械设备和系统，一般不宜全部采用事后维修方法，多数采用预防维修方针，只是在预防维修期内发生故障后，才使用事后维修方针。

4.4.5.2 预防维修

预防维修可使系统始终处于最佳状态。特别是对于那些安全性受到特别重视的交通运输工具、起重机械，以及一旦出故障停工会造成很大损失的工业生产系统，如高炉系统、轧钢系统、选矿系统等，预防维修十分重要。必须健全这方面的组织和规章制度，认真贯彻执行。

预防维修工作包括检查或监视、调整、修理或更新。其维修方法有：

(1) 定期维修。每隔一定时间就进行一次维修。它立足于概率论，根据系统内元件发生故障的时间分布来确定维修方案。一般要求在元件工作到将要进入耗损失效期前，就进行维修或更换。也即在元件尚未损坏以前，就按一定的规程进行更换，称为定期更换。

定期更换又可分为全部更换或逐个更换两种。

系统的定期维修较为复杂，分为更新型事后维修和修理型事后维修。修理型事后维修指当实际工作 T 小时，就对系统进行预防维修。在预防维修周期 T 内再发生故障，一般只限于修复已发生故障的元件，因为实施事后维修后，仅仅在局部发生故障的地方修复或换上了新的元件，所以整个系统仅是功能得以恢复，而并没有得到更新。在故障前后累计工作时间(T_1+T_2)达到预防维修周期 T 时，再进行预防维修。更新型事后维修是指如果不发生故障，则系统工作 T 小时后进行预防维修。如果在 T 小时内发生故障，不但要修复发生故障的元件，同时还要进行预防维修，使系统得到更新，这样可以再过 T 小时后(或再发生故障)进行预防维修。

(2) 按需维修。它立足于失效物理分析，通过连续地进行监视和物理测定，当系统参数或性能下降到限定值时，就进行维修。它不规定维修周期，只规定性能参数的维修限值。

4.4.6 系统预防维修周期的确定

系统预防维修周期的确定原则是，要求系统有效度最大或总费用最小。

4.4.6.1 按有效度最大原则确定最佳维修周期

A 修理型事后维修

当系统的工作时间累计达 T 小时之后，不论故障发生与否，就要进行预防维修。若平均预防维修时间记为$\overline{M_{pt}}$，平均事后维修时间记为$\overline{M_{ct}}$，系统的故障率为 $\lambda(t)$，则系统的可靠度函数 $R(t)$ 和故障密度函数 $f(t)$ 的关系为：

$$\lambda(t)=\frac{f(t)}{R(t)} \tag{4-83}$$

每一个周期内的平均不能工作时间 MDT 为：

$$\mathrm{MDT}=\overline{M_{pt}}+\overline{M_{ct}}\int_0^T\lambda(t)\mathrm{d}t \tag{4-84}$$

式中 $\int_0^T\lambda(t)\mathrm{d}t$ ——一个周期内故障发生的频率，其中假定在 T 小时内系统不进行更新。

在一个维修周期内，平均可工作时间 MUT 就是维修周期 T：

$$\mathrm{MUT}\equiv T$$

所以稳定状态的有效度 A，即 $t\to\infty$ 时的 $A(t)=A(\infty)$ 为：

$$\begin{aligned}A=A(\infty)&=\frac{\mathrm{MUT}}{\mathrm{MDT}+\mathrm{MUT}}\\&=\frac{T}{\overline{M_{pt}}+\overline{M_{ct}}\int_0^T\lambda(t)\mathrm{d}t+T}\end{aligned} \tag{4-85}$$

为了求出有效度 A 为最大的最佳维修周期 T 值，将式 4-85 对 T 进行微分，并使其为零，则得到下面的结果：

$$T\lambda(T)-\int_0^T\lambda(t)\mathrm{d}t=\frac{\overline{M_{pt}}}{\overline{M_{ct}}} \tag{4-86}$$

根据定积分的分部积分公式：$\int_a^b u\mathrm{d}v=[uv]_a^b-\int_a^b v\mathrm{d}u$，可

得出：

$$\int_0^T t\lambda'(t)\mathrm{d}t = \int_0^T t\mathrm{d}[\lambda(t)] = [t\lambda(t)]_0^T - \int_0^T \lambda(t)\mathrm{d}t$$
$$= T\lambda(T) - \int_0^T \lambda(t)\mathrm{d}t \tag{4-87}$$

将式 4-87 代入式 4-86 则得：

$$\int_0^T t\lambda'(t)\mathrm{d}t = \frac{\overline{M_{pt}}}{\overline{M_{ct}}} \tag{4-88}$$

若故障分布是耗损型的，即故障率函数 $\lambda(t)$是 t 的增值函数（故障率随时间不断增加），则从式 4-87 或式 4-88 就可求得最佳预防周期 T。

B 更新型事后维修

更新型事后维修是指当系统无故障工作 T 小时后就进行预防维修。

系统的平均不能工作时间 MDT，由平均预防维修时间$\overline{M_{pt}}$和平均事后维修时间$\overline{M_{ct}}$的加权和求得，即

$$\mathrm{MDT} = R(T)\overline{M_{pt}} + [1 - R(T)]\overline{M_{ct}} \tag{4-89}$$

式中 $R(T)$——T 小时无故障的概率，即 T 小时的系统可靠度。

系统的平均可工作时间 MDT，由无故障工作时间 T 和发生故障时的故障前平均工作时间 $\dfrac{\int_0^T tf(t)\mathrm{d}t}{[1 - R(T)]}$ 的加权和求得。其中，$f(t) = -\dfrac{\mathrm{d}R(t)}{\mathrm{d}t}$为故障密度函数，即

$$\mathrm{MUT} = R(T)T + [1 - R(T)]\frac{\int_0^T tf(t)\mathrm{d}t}{1 - R(T)}$$
$$= R(T)T + \int_0^T tf(t)\mathrm{d}t \tag{4-90}$$

通过分部积分法得：

$$\int_0^T tf(t)\mathrm{d}t = [-tR(t)]_0^T + \int_0^T R(t)\mathrm{d}t$$
$$= -TR(T) + \int_0^T R(t)\mathrm{d}t$$

以上式代入式 4-90 则得：

$$\mathrm{MUT} = \int_0^T R(t)\mathrm{d}t$$

稳定状态($t\to\infty$)时的有效度 $A=A(\infty)$为：

$$A = A(\infty) = \frac{\mathrm{MUT}}{\mathrm{MDT}+\mathrm{MUT}}$$
$$= \frac{\int_0^T R(t)\mathrm{d}t}{R(T)\,\overline{M_{\mathrm{pt}}} + [1-R(T)]\,\overline{M_{\mathrm{ct}}} + \int_0^T R(t)\mathrm{d}t} \tag{4-91}$$

同理，将上式对 T 进行微分，且使其为零，便可得到有效度 A 为最大时的时间 T：

$$\lambda(T)\int_0^T R(t)\mathrm{d}t - [1-R(T)] = \frac{\overline{M_{\mathrm{pt}}}}{\overline{M_{\mathrm{ct}}}-\overline{M_{\mathrm{pt}}}},\ [\overline{M_{\mathrm{ct}}} > \overline{M_{\mathrm{pt}}}] \tag{4-92}$$

若故障率函数 $\lambda(t)$是 t 的增值函数，就可求得最佳预防维修周期 T。当 T 为最佳解时，系统的稳态有效度为：

$$A = A(\infty)$$
$$= \begin{cases} \dfrac{\mathrm{MTBF}}{\mathrm{MTBF}+\overline{M_{\mathrm{ct}}}},\left[\overline{M_{\mathrm{ct}}} \leqslant \overline{M_{\mathrm{pt}}},\mathrm{MTBF} = \int_0^\infty R(t)\mathrm{d}t\right] \\ \dfrac{1}{1+(\overline{M_{\mathrm{ct}}}-\overline{M_{\mathrm{pt}}})\lambda(T)},[\overline{M_{\mathrm{ct}}} > \overline{M_{\mathrm{pt}}}] \end{cases} \tag{4-93}$$

4.4.6.2 按总费用最小原则确定最佳维修周期

系统维修总费用包括：(1)预防维修费 C。它包括预防维修费和在预防维修期间因系统不能使用带来的损失。(2)因故障所造成的损失费 k。它包括对每一个故障的平均事后维修费和故障所造成的损失。算出这些费用后，即可求出修理型事后维修和更新型事后维修的最佳预防维修周期 T。

A 修理型事后维修

把从预防维修到周期 T 结束为止的总费用记为 $D(T)$，则单位工作时间的平均费用 $\frac{D(T)}{T}$ 为：

$$\frac{D(T)}{T} = \frac{C}{T} + \frac{k}{T}\int_0^T \lambda(t)\mathrm{d}t \tag{4-94}$$

式中 $\lambda(t)$——系统的故障率函数；

C——预防维修费；

k——故障损失费。

为了求出使 $\frac{D(T)}{T}$ 为最小的 T 值，可将式 4-94 的右边对 T 进行微分，并使其为零，得：

$$T\lambda(T) - \int_0^T \lambda(t)\mathrm{d}t = \frac{C}{k} \tag{4-95}$$

或

$$\int_0^T t\lambda'(t)\mathrm{d}t = \frac{C}{k} \tag{4-96}$$

在式 4-86 和式 4-87 中，分别用 C 和 k 代替 $\overline{M_{pt}}$ 和 $\overline{M_{ct}}$ 即可得到以上两式。所以，若维修时间和费用成正比，则两者的最佳解是一致的。但偶然故障损失不一定与时间成正比。

B 更新型事后维修

在实际可工作时间 MUT 内，当进行预防维修的比例为 $R(T)$，发生故障的比例为 $[1-R(T)]$ 时，每单位时间的费用 E 为：

$$E = \frac{CR(T) + k[1-R(T)]}{M} = \frac{CR(T) + k[1-R(T)]}{\int_0^T R(t)\mathrm{d}t} \tag{4-97}$$

将上式对 T 进行微分，且使其为零，便可得到 E 为最小的 T 值，得：

$$\lambda(T)\int_0^T R(t)\mathrm{d}t-[1-R(T)]=\frac{C}{k-C},[k>C] \tag{4-98}$$

同理，在 T 为最佳解时有：

$$E=\begin{cases}\dfrac{\mathrm{MTBF}}{\mathrm{MTBF}+k},\left[k\leqslant C,\mathrm{MTBF}=\displaystyle\int_0^\infty R(t)\mathrm{d}t\right]\\ \dfrac{1}{1+(k-C)\lambda(T)},[k>C]\end{cases} \tag{4-99}$$

5 故障树分析法

5.1 概述

5.1.1 故障树分析法简介

故障树分析法简称 FTA(fault tree analysis),是与可靠性框图法等价的系统可靠性分析方法。框图法分析的着眼点是系统的可靠性,而故障树分析法考察系统可靠性时,则是从系统的不可靠(即故障)入手的。

20 世纪 60 年代,人们主要采用框图分析法对系统进行可靠性分析。但是随着大型复杂系统的建立(如洲际导弹、宇航、核电站等),对系统的可靠性要求愈来愈高。要对大型复杂系统作出可靠性分析,建立逻辑框图成了十分困难的事。框图分析法只能求出一些简单系统的某特定时刻的工作概率,同时框图分析法很难清楚地把人的影响和环境的影响表示出来。于是人们去寻找新的途径,努力研究简便易行的新的分析方法。

1961 年美国贝尔实验室首先开始使用故障树分析法,用于民兵导弹的发射控制系统可靠性研究中,取得了很大成功。研究报告在 1965 年波音公司系统安全年会上发表,引起了学术界的重视。其后波音公司研制出了 FTA 的计算机程序,进一步推动了它的发展。美国洛克希德公司又将 FTA 应用于大型客机 L-1011 的安全性可靠性评价中,建立了 30 余棵故障树,大大提高了客机的安全性。到 20 世纪 60 年代中期,FTA 从宇航领域进入核工业和其他领域。1974 年美国原子能委员会发表了 WASH-1400 反应堆安全分析报告(即《美国商用核电站事故风险评价报告(草案)》),报告中应用了事件树和故障树分析法,取得了很大的成功,使故障树分析法在全世界范围内得到了普遍重视。近 30 年来

FTA发展十分迅速，其理论日趋完善，其应用已从宇航、核能等领域进入到了一般电子、电力、交通、化工、机械等各个领域，同时在社会安全、经济管理领域也开始得到应用。现在国际上已公认故障树分析法是可靠性、安全性分析的一种简单、有效、有发展前途的方法。科技工作者也愈来愈多地采用FTA作为评价系统可靠性和安全性的手段，用FTA来预测和诊断故障、分析系统的薄弱环节、指导使用和维修、实现系统设计的最优化等等。

故障树分析法是一种图形演绎方法，是故障事件在一定条件下的逻辑方法。它是用一种特殊的倒立树状逻辑因果关系图，清晰地说明系统是怎样失效的。故障树分析法的基本思想是：

把系统故障作为顶端事件，然后沿着这样的思路进行分析：首先分析人员应该提出并回答“哪些直接因素能够造成顶事件的出现”，并罗列出来A、B、C等等，其次针对罗列出来的因素A、B、C等，再找出它们中每一个发生的下一级因素是哪些，按照这个线索步步深入下去，一直追溯到系统的最基本事件为止。将上述各种级别的事件和诱发因素通过逻辑关系联系起来，就形成了一个树状逻辑图，称为故障树(FT)。根据故障树，分析系统发生故障的各种原因和系统可靠性特征量，就是故障树分析法——FTA。

故障树分析法的主要特点如下：

(1) 故障树分析是一种图形演绎法，是故障事件在一定条件下的逻辑推理方法。它不局限对系统作一般的可靠性分析，它可以围绕一个或一些特定的故障状态，作层层深入的分析。因而能在清晰的图形下表达出系统的内在联系，并指出单元故障与系统故障之间的逻辑关系。其直观性强。

(2) 故障树分析能反映出系统的外部因素(环境因素、人为决策错误等)对系统故障的影响，应用起来比较灵活。

(3) 故障树分析法把系统的故障与组成系统各单元的故障有机地联系在一起，可以找出系统的全部可能的失效状态。故障树本身也是一种形象化的技术资料，在它建成以后，对系统的管理和运行人员也起到了直观教学和维修指南的作用。

(4) 故障树分析法常用于分析复杂系统,因此它离不开计算机软件,目前应用于故障树分析方面的软件,从定性、定量、图形化等方面都取得很大发展。

(5) FTA要比可靠性框图更实用、灵活、直观,它可以表示人为因素及环境的影响、多状态系统、非单调关联系统、相依关系等。它的困难在于在建故障树时,需找出系统单元的所有故障模式,往往难免会有遗漏。

FTA在以下几方面尚待深入研究:自动建树、非单调关联系统FTA、多状态系统FTA、相依底事件FTA、FTA的组合爆炸困难(计算量随故障树规模按指数增长)、可修系统首次故障时间分布和平均寿命计算及数据库等。

5.1.2 FTA的步骤和注意事项

建树工作要求建树者对于系统及其各个组成部分有透彻的了解,应由系统设计人员亲自建树,同时与其他方面专家密切合作。建树是一个多次反复、逐步深入完善的过程。

5.1.2.1 故障树分析法的步骤

(1) 选择合理的顶事件,确定系统的边界条件。若FTA的任务是分析已发生的故障的原因,则顶事件是给定的,无需选择;若FTA是预测系统会发生何种故障,并分析造成故障的原因时,就要正确地选择顶事件。选择时应认真分析,不能遗漏重大故障。同时还要确定出系统的各种边界条件,以利正确建树。

(2) 建造故障树。对于复杂系统,建树时应按系统层次由上至下逐级展开。

(3) 简化故障树。在明确定义系统接口和进行合理假设的情况下,可以对所建故障树进行必要的简化。对于复杂庞大的故障树可应用模块分解法、逻辑简化法和早期不交化方法等进行合理的简化。

(4) 求故障树顶事件的故障模式(最小割集),对故障树结构进行定性分析。一棵树包含了许多信息,应认真分析各事件的结构重要度,以判断各事件所代表的单元在系统中的重要性大小。分析共同原因失效,对其影响大的应给予充分注意,按共同模式失效原则进行处理,以得到正确的概率值。

(5) 在已知底事件发生概率值的情况下,对故障树进行定量化分析。计算出顶事件发生的概率和有关的可靠性参数,必要时还要进行重要度分析,计算顶事件发生概率的上下限。若底事件概率值为未知,则可假设某一合理值,进行系统可靠性方案的比较。

(6) 对所得结果进行分析,必要时进一步修改后再行计算。

5.1.2.2 注意事项

(1) 故障事件应严格定义。顶事件和故障事件必须明确具体的界定,定义应明确指出故障是什么,故障是在何种条件下发生的,不能含混不清。

(2) 预先给定建树的边界条件。顶事件给定后,建树前应明确规定所研究系统和其他设备的界面以及给定一些必要的假设(如不考虑导线故障、不考虑人为故障等),只有如此,才能知道这棵树建到何处为止,使建的树不会过于庞大和烦琐。

(3) 应从上向下逐级建树。本条的主要目的是避免遗漏。一棵庞大的故障树,下级输入数可能很多,而每一个输入都可能仍然是一棵庞大的子树。

在建树过程中,应循序渐进逐级进行。在进一步分析逻辑门的任何一个输入之前应完整地定义该逻辑门的全部输入并表现在正在发展的故障树图上,在保证上一级的全部输入事件已无遗漏地枚举出来之后,方可对这些输入事件作进一步发展。遵循这条规则可以避免遗漏。

(4) 建树时不允许门-门直接相连。防止建树者不从文字上对中间事件下定义即去发展该子树。建树时任何逻辑门的输出都必须用一结果事件清楚定义,不允许不经结果事件而门-门直接相连。只有如此方可保证门的输入事件的正确性,保证所建成的故障树的任一子树的物理概念是清楚的。这不仅对其他人了解该树是必要的，而且对于建树者自己的备忘也是必要的。

(5) 用直接事件取代间接事件。为了故障树的向下发展，必须用等价的、比较具体的直接事件逐步取代比较抽象的间接事件。

5.1.3　FTA的名词术语和符号

5.1.3.1　基本名词术语

(1) 底事件或基本事件。已经探明或尚未探明但不必进一步探明其发生原因的事件称为底事件或基本事件。在故障树中不能进一步分解，其基本数据已知。

(2) 顶事件。顶事件是所分析系统的不希望发生的事件(或者是待分析的已发生系统故障事件)，它位于故障树的顶端，因此它总是逻辑门的输出，而不可能是任何逻辑门的输入。

(3) 中间事件。除顶事件外，其他结果事件均属于中间事件。它位于顶事件和底事件之间，是某个逻辑门的输出事件，同时又是另一个逻辑门的输入事件。

5.1.3.2　符号

逻辑门描述了事件之间的逻辑因果关系，即逻辑门按照因果关系将所有有关事件联系起来。它包括“与门”、“或门”、“非门”和一些特殊门。各种逻辑门的符号及其含义如表5-1所示。一个门可以有一个或多个输入事件，但只能有一个输出事件。

表5-1　逻辑门符号

序号	符　号	名　称	说　　明
1	·	与　门	仅当所有输入事件都发生时，门的输出事件才发生
2	+	或　门	至少有一个输入事件发生时，门的输出事件就发生
3		非　门	门的输出事件是输入事件的对立事件

续表 5-1

序号	符 号	名 称	说 明
4	条件	禁 门	仅当禁门打开的条件满足时，输入事件的发生才能引起门的输出事件发生
5		异或门	仅当单个输入事件发生时，门的输出事件才发生。异或门又叫做互斥或门
6	k/n	表决门	n 个输入事件中至少 k 个发生时，门的输出事件才发生
7		顺序与门	仅当输入事件按规定顺序由左至右地依次发生时，门的输出事件才能发生

在各种门中，与门、或门是两种基本的门，其他各种门都可以化为这两种门。只含与门、或门的故障树称为规范化故障树，又称为标准故障树。

5.1.4 故障树的规范化和简化

根据建树基本步骤建成的故障树应是很详细的，但从逻辑关系看，并不需要这样细。层次过多、过细的故障树不便于定性及定量分析，因此应对其进行规范化和简化。

5.1.4.1 故障树的规范化

规范化的原则是根据逻辑门等效变换原则，将故障树变换成标准故障树。若干典型门的变换如下：

(1) 表决门变换为与门与或门的组合。

2/3(G)表决门的等效转换如图 5-1 所示。

(2) 异或门变换为或门与门和非门的组合。

2 取 1 异或门的等效转换如图 5-2 所示。

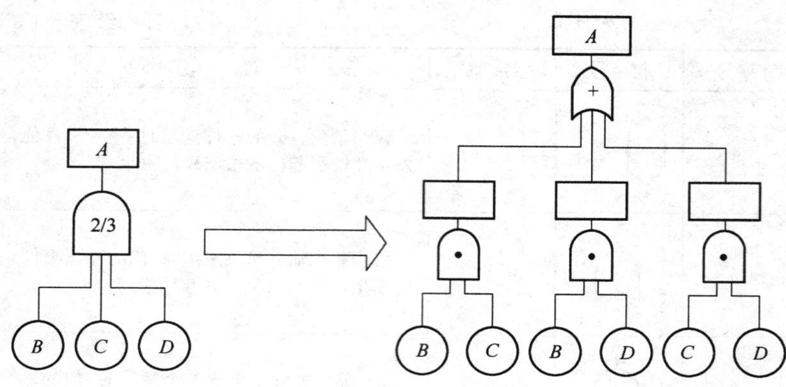

图 5-1　故障树转换举例之一

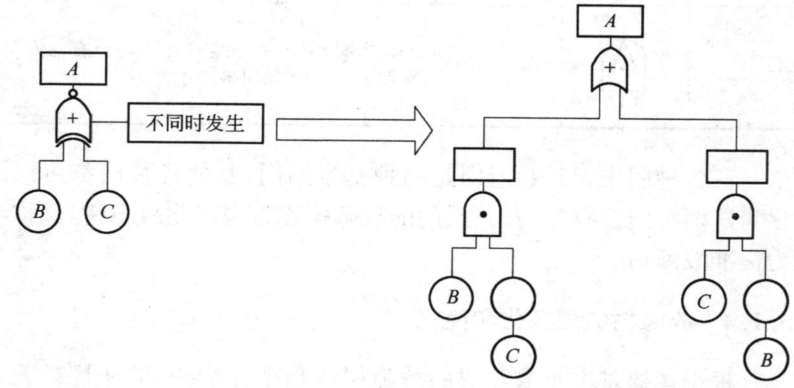

图 5-2　故障树转换举例之二

（3）禁门变换为与门。

一个条件的禁门的等效转换如图 5-3 所示。

5.1.4.2　故障树的简化

故障树在简化过程中除了注意清除多余的逻辑事件、尽量减少故障树和子树的层次不致过多等一般措施以外，常常利用布尔代数运算规则对故障树进行简化，基本思路是：首先将原始故障树或者它的一个部分的结构函数写出来，其次对该结构函数进行简化，最后根据简化后的结构函数画出故障树或相应的部分故障树。

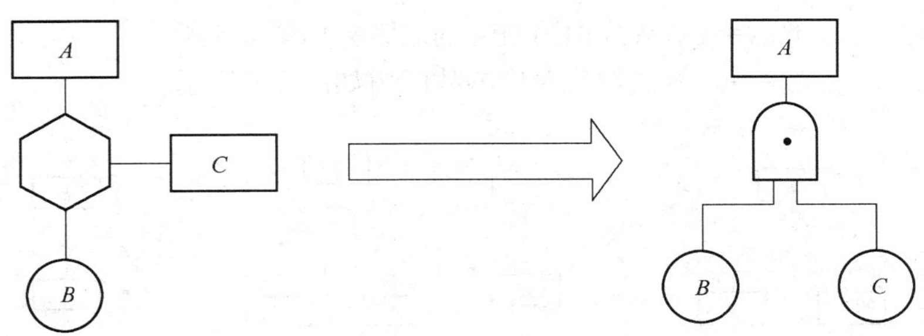

图 5-3 故障树转换举例之三

例如,$(x_A+x_B)+x_C=x_A+x_B+x_C$,等式两边对应的故障树如图 5-4 所示。

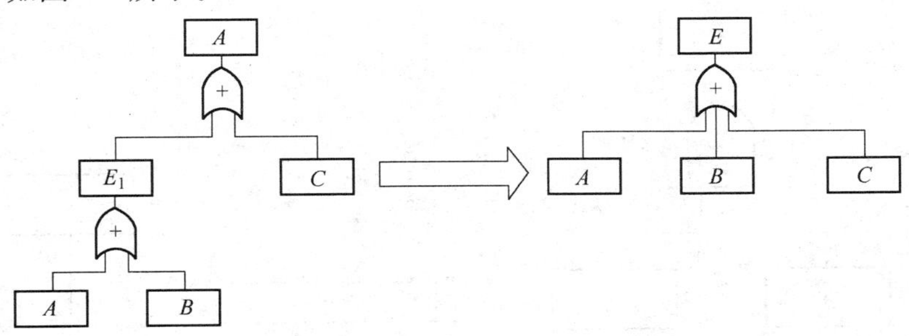

图 5-4 故障树简化举例之一

$x_Ax_B+x_Ax_C=x_A(x_B+x_C)$,等式两边对应的故障树如图 5-5 所示。

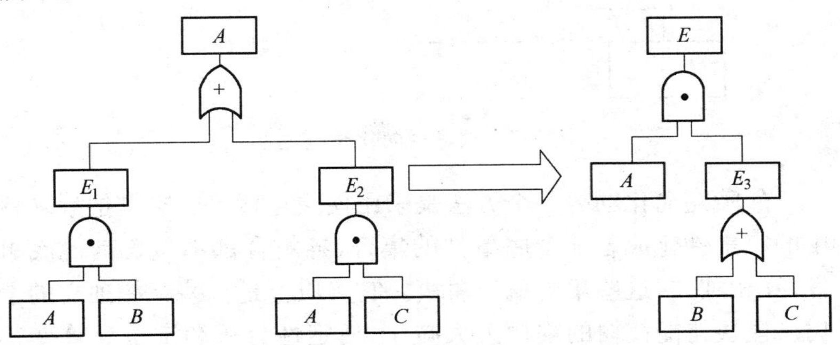

图 5-5 故障树简化举例之二

$x_A + x_A = x_A$，等式两边对应的故障树如图 5-6 所示。

$x_A x_A = x_A$，等式两边对应的故障树如图 5-7 所示。

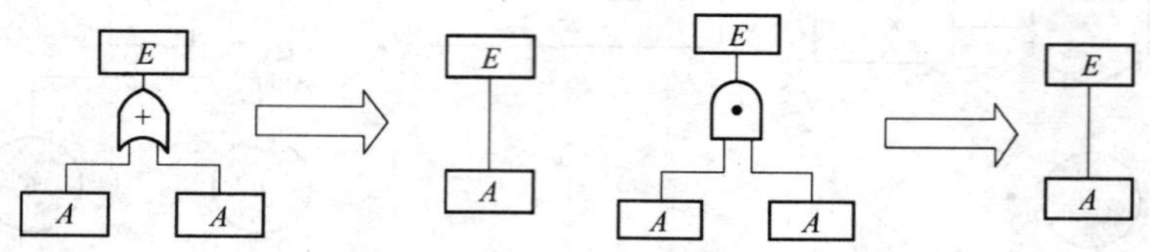

图 5-6 故障树简化举例之三　　　图 5-7 故障树简化举例之四

$x_A(x_A + x_A) = x_A$，等式两边对应的故障树如图 5-8 所示。

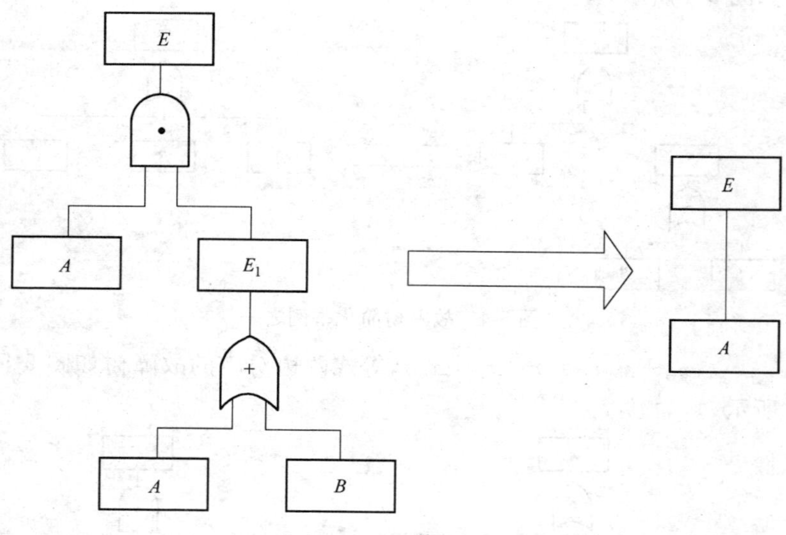

图 5-8 故障树简化举例之五

故障树简化的另一个方法是采用模块化技术。它是把故障树中的底事件化成若干个底事件的集合，各集合都不包含其他底事件，互相独立，这些集合就叫模块。它实质上是一些互相独立的子树。模块化能使树的规模大大减小，使定性分析和定量计算变得容易。它是故障树分析中简便而有效的手段，具体步骤不再详细叙述。

5.2 故障树的定性分析

任意给定的单调关联系统故障树，均可以简化成规范故障树，这种故障树可以利用结构函数写出故障树的数学表达式。

设系统 S 由 n 个单元组成，用二值变量 X_i 来表示 i 单元的状态：

$$x_i=\begin{cases}1 & \text{当第 } i \text{ 个底事件发生时}\\ 0 & \text{当第 } i \text{ 个底事件不发生时}\end{cases}$$

由于系统的顶事件的状态是底事件状态的函数，故系统状态可以用行向量函数 $\Phi(X)=\Phi(x_1,x_2,\cdots,x_n)$ 表示：

$$\Phi(X)=\begin{cases}1 & \text{当顶事件发生时}\\ 1 & \text{当顶事件不发生时}\end{cases}$$

$\Phi(X)$ 称为故障树的结构函数。应该注意到，在故障树结构函数中，事件发生对应于故障发生；事件不发生，对应于系统（单元）正常，上述定义与在最小割集中的定义一致。

记 n 个独立的与门或者或门的输入事件为 $x_i(i=\overline{1,n})$，根据与门、或门的定义，二者的结构函数可分别如下：

与门（可靠性串联系统）的结构函数：

$$\Phi(X)=\prod_{i=1}^{n}x_i \tag{5-1}$$

或门（可靠性串联系统）的结构函数：

$$\Phi(X)=1-\prod_{i=1}^{n}(1-x_i) \tag{5-2}$$

一般情况下，如果给出了故障树，就可以根据故障树直接写出系统的结构函数，并可以利用布尔代数运算规则进行简化。在故障树结构函数中各单元 x_i 事件发生定义为单元失效，因此，对结构函数求期望值就可以获得系统的故障概率。而在系统可靠性框图中，正好相反，各单元 x_i 事件发生定义为单元正常，因此，对可靠性框图结构函数求期望值获得的是系统的可靠度。

下面介绍两种根据故障树求最小割集的方法：

(1) 下行法。这种方法的基本思路是，从顶事件开始逐级向下，根据不同逻辑关系分行表示。紧接顶事件的如果是或门，就把每个输入事件分别列入不同的行；紧接顶事件的如果是与门，就把所有输入事件排列入同一行。依次从上到下分解，一直进行到不能再分解的基本事件为止。

(2) 上行法。上行法算法是依故障树自下向上地综合，利用布尔代数运算获得最小割集。

5.3 故障树的定量分析

故障树定量分析的主要任务是求顶事件发生的概率以及系统的有关可靠性特征量，如系统的首次故障时间、各组成单元的重要度等。下面简要介绍顶事件概率的计算方法。

对于不可修系统来说，系统的不可靠度就是不可修系统故障树中顶事件发生的概率。求顶事件发生的概率可以精确计算，也可以近似求解。

5.3.1 顶事件发生概率的精确计算

对于不可修系统，如果求得系统的最小割集后，将全体最小割集进行不交化处理即可精确计算其顶事件的概率。

例题：计算图 5-9 中系统的故障概率。假设各个基本事件的故障概率为 p。

解：以 x_i 表示单元 i 故障，它是一个事件。所以故障树的最后一级为：

$$Z=x_4x_5, X=x_4x_5, U=x_2x_3, V=x_1x_3, W=x_1x_2$$

向上一级推算，得到：

$$S = x_3 + Z = x_3 + x_4 x_5$$
$$K = X + Y = x_1 x_2 + x_4 x_5$$
$$R = U + V + W = x_2 x_3 + x_1 x_3 + x_1 x_2$$

再向上一级推算，得到：

$$P = x_1 x_2 (x_3 + x_4 x_5)$$

$$Q = x_3 (x_4 x_5 + x_1 x_2)$$

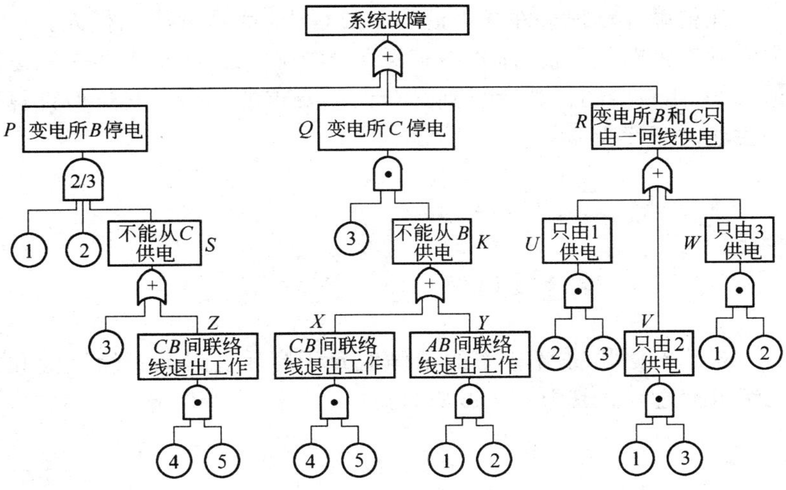

图 5-9 某输电系统的故障树

最后顶事件为：

$$T = P + Q + R = x_1 x_2 x_3 + x_1 x_2 x_4 x_5 + x_3 x_4 x_5 + x_1 x_2 x_3 + x_2 x_3 + x_1 x_3 + x_1 x_2$$

$$\begin{aligned} T &= x_1 x_2 \cup x_1 x_3 \cup x_2 x_3 \cup x_3 x_4 x_5 \\ &= x_1 x_2 + \overline{x_1 x_2} \cdot x_1 x_3 + \overline{x_1 x_2} \cdot \overline{x_1 x_3} \cdot x_2 x_3 + \overline{x_1 x_2} \cdot \overline{x_1 x_2} \cdot \overline{x_2 x_3} \cdot x_3 x_4 x_5 \\ &= x_1 x_2 + x_2 x_3 + x_1 x_3 + x_3 x_4 x_5 - 2x_1 x_2 x_3 - x_1 x_3 x_4 x_5 - x_2 x_3 x_4 x_5 + x_1 x_2 x_3 x_4 x_5 \end{aligned}$$

故系统故障概率为：

$$
\begin{aligned}
Q(T)=&P(x_1x_2)+P(x_2x_3)+P(x_1x_3)+\\
&P(x_3x_4x_5)-2P(x_1x_2x_3)-P(x_1x_3x_4x_5)-\\
&P(x_2x_3x_4x_5)+P(x_1x_2x_3x_4x_5)\\
=&3p^2-p^3-2p^4+p^5
\end{aligned}
$$

5.3.2　顶事件发生概率的近似计算

在精确计算顶事件发生概率的过程中，计算量往往很大。但在实际工程问题中，往往并不需要十分精确的结果，这时可采用近似算法，用较少的计算量得到符合误差要求的结果。其近似计算公式如前所述为：

$$
\begin{aligned}
\sum_{j=1}^{n}P\{M_j\} &\geqslant P\{M_1+M_2+\cdots+M_n\}\\
&\geqslant \sum_{j=1}^{n}P\{M_j\}-\sum_{j_1=2}^{n}\sum_{j_2<j_1}P\{M_{j1}\cdot M_{j2}\}
\end{aligned}
\tag{5-3}
$$

式 5-3 说明，故障概率的精确值介于容斥公式的一级近似和二级近似之间。其中一级近似为：

$$
\sum_{j=1}^{n}P\{M_j\} \tag{5-4}
$$

是精确值的上限。二级近似为：

$$
\sum_{j=1}^{n}P\{M_j\}-\sum_{j_1=2}^{n}\sum_{j_2<j_1}P\{M_{j1}\cdot M_{j2}\} \tag{5-5}
$$

是精确值的下限。

5.4　重要度分析

实践表明，系统中各单元并不同样重要，例如有的单元一旦出现故障就会引起系统故障，有的则不然。因此，按照底事件引发顶事件发生的重要性来排队，对改进系统设计是十分必要的。单元的重要度是指该单元相应的底事件对顶事件发生的贡献大小。

在工程设计中，重要度分析主要应用于以下几个方面：

(1) 改善系统设计。

(2) 确定系统需要监测的部位。

(3) 制订系统故障诊断时的核对清单等。

重要度是系统结构、单元的寿命分布以及时间的函数。由于设计的对象不同、要求不同，重要度也有不同的含义，无法规定一个统一的重要度标准。为简明起见，假设单元只有一种失效模式。

5.4.1 基本概念

在介绍重要度的概念和计算方法之前，先介绍两个基本的概念：系统的临界状态和关键单元。

n 个单元组成的两态系统，系统的可能状态数为 2^n 个，这 2^n 个状态分属于系统正常和系统故障两种状态。为区别起见，我们说系统有 2^n 个微观状态和两个宏观状态。由于在微小时间 Δt 内，两个或两个以上单元的状态同时发生变化的可能性可以忽略，因此，并非 2^n 个微观状态都能够直接引起系统宏观状态的变化，只有其中某些特殊微观状态的改变才能引起系统宏观状态的改变。这些特殊的微观状态就称为系统的临界状态。

任何非临界状态的微观状态都必须首先变成临界状态才能引发系统宏观状态的改变。

关于系统的临界状态又可以定义为，当且仅当某一单元状态变化就能导致系统宏观状态变化时，就称系统处于临界状态，这个单元就称为该临界状态的关键单元。

临界状态和关键单元有如下性质：

(1) 并非系统的所有微观状态都属于临界状态，仅仅某些特殊的微观状态才属于临界状态。

例如两个单元 x_1、x_2 组成的并联系统，设 $x_i=1$、0 分别表示第 i 单元故障和正常，则系统有 4 个微观状态，其中(0,1)、(1,0)、(0,0)属于系统正常状态，(1,1)属于系统故障状态。而(0,0)状态不可能直接变为(1,1)状态，因此它不是临界状态，同样(1,1)也不是临界状态。只有(0,1)、(1,0)是临界状态。

(2) 一个系统的任一单元，由关联性质决定都是关键单元，即任一单元总能在 2^n 个微观状态中找到与之对应的临界状态，因此，任一单元是否成为关键单元取决于其他 $n-1$ 个单元的状态。我们谈论第 i 单元的临界状态时，是指除 i 单元之外其他 $n-1$ 个单元状态的某种组合。

在两单元并联系统中，第一个单元是关键单元的系统状态是(＊,1)，但是在(＊,0)状态时第一个单元就不是关键单元，即一个单元是否为关键单元与第二个单元的状态有关。

(3) 一个临界状态可以对应若干个关键单元，反之一个关键单元也可以有多个临界状态。例如在上述例子中(1,1)状态对应的关键单元就是单元 1、2，第一个单元是关键单元的系统状态是(0,1)、(1,1)。

5.4.2　单元的概率重要度

概率重要度的定义是：第 i 个单元不可靠度(失效概率)的变化引起系统不可靠度(失效概率)变化的程度。用数学公式表达为：

$$I_i^q(t)=\frac{\partial Q_s(t)}{\partial q_i(t)},\qquad i=\overline{1,n} \tag{5-6}$$

式中　$I_i^q(t)$——第 i 个单元的概率重要度；

$Q_s(t)$——顶事件(系统)的不可靠度，在单元相互独立的条件下，它是各单元事件发生概率的函数；

$q_i(t)$——第 i 个单元的不可靠度；

n——系统中的单元数目。

5.4.3　单元的结构重要度

系统中第 i 个单元的状态由 0 变化到 1，相应的系统状态变化可能有 4 种：

$\Phi(0_i,X)=0\Rightarrow\Phi(1_i,X)=1$，此时有，$\Phi(1_i,X)-\Phi(0_i,X)=1$

$\Phi(0_i, X)=0 \Rightarrow \Phi(1_i, X)=0$，此时有，$\Phi(1_i, X)-\Phi(0_i, X)=0$

$\Phi(0_i, X)=0 \Rightarrow \Phi(1_i, X)=1$，此时有，$\Phi(1_i, X)-\Phi(0_i, X)=0$

$\Phi(0_i, X)=0 \Rightarrow \Phi(1_i, X)=0$，此时有，$\Phi(1_i, X)-\Phi(0_i, X)=-1$

式中　X——除了 x_i 以外的所有元素构成的行向量。

由于研究的是单调关联系统，所以最后一种情况不可能发生。定义：

$$n_i^{\phi}=\sum_{2^{n-1}}\left[\Phi(1_i, X)-\Phi(0_i, X)\right] \tag{5-7}$$

显然，这种求和是将第一种情况的发生次数进行了累加，其他两种情况的贡献为零，第一种情况发生的次数就是 i 单元的临界状态数目，因此 n_i^{ϕ} 就表示了 i 单元的临界状态数目。其数值越大，表示该单元的微观状态变化越容易引起系统宏观状态的改变，因此 n_i^{ϕ} 可以作为第 i 个单元对系统失效贡献大小的度量。

对于第 i 个单元，其余 $n-1$ 个单元的可能状态共有 2^{n-1} 种，每个单元的结构重要度不大于1，定义第 i 个单元的结构重要度 I_i^{ϕ} 如下：

$$I_i^{\phi}=\frac{1}{2^{n-1}}n_i^{\phi} \tag{5-8}$$

单元的结构重要度从故障树结构的角度反映了各事件在故障树中的重要程度。它与单元发生概率的大小无关，完全由故障树的结构所决定，仅取决于第 i 个单元在系统故障树结构中所处的位置。

式 5-8 计算比较烦琐，只有单元数目少时才可以计算。理论上已经证明，当所有单元发生的概率都取 0.5 时，单元的概率重要度等于单元的结构重要度。

5.4.4　单元的关键重要度

关键重要度定义为第 i 个单元失效概率的变化所引起系统失效概率的变化率。它体现了改善一个比较可靠的单元比改善一个不太可靠的单元困难这一性质，数学表达式为：

$$I_i^{CR}(t)=\frac{q_i(t)}{Q_s(t)}\cdot I_i^q(t) \tag{5-9}$$

$q_i(t)\cdot I_i^q(t)$是第 i 单元失效引发系统失效的概率，此数值越大，表明 i 单元引发系统失效的概率越大。

6　模糊可靠性计算方法

美国控制论专家 L. A. Zadeh 教授在 1965 年创立了模糊数学，即模糊集合论。模糊数学是处理“亦此亦彼”问题的数学，它弥补了确定性数学的“非此即彼”二值逻辑的缺陷，因此，模糊数学发展非常迅速。从创立至今，模糊数学已基本形成了比较完整的体系。由于工程科学中存在着大量的模糊性问题，因此模糊数学在工程中的应用也非常广泛。同样，模糊数学在可靠性设计中的应用也是如此。

可靠性设计是处理设计变量随机性的问题，进而给出零件不失效的概率——可靠度。但是在一些零件的失效判据中存在着模糊性，例如“允许的磨损量（即磨损量达到多少时为失效）”、“允许的变形量（即变形量达到多少时为失效）”等。在这些情况下，就需要用模糊数学的方法来解决。模糊数学与可靠性理论结合得到的可靠度称为模糊可靠度。实际上这就是模糊数学与概率论互相渗透的结果。通过这种渗透，从而使计算得到的零件的可靠度结果更符合实际情况。在某些情况下得不到工作应力或极限应力的概率分布时可采用隶属函数来近似代替，但隶属函数不能随意取各种分布形式。本章将具体讨论模糊可靠度的计算及其适用范围。

6.1　模糊集合及模糊事件的概率

模糊数学是研究、处理模糊性问题的数学。所谓模糊性，就是概念本身没有明确的外延。模糊概念不能用普通集合来刻画，而应该用模糊集合来刻画。为了说明模糊集合，首先来简单回顾一下普通集合。

普通集合研究的是“非此即彼”现象，可以用特征函数来表征。将被讨论的对象全体称为论域，用 U 表示。例如，某种材料在一定应力水平下的疲劳寿命即为一个论域。对于论域 U 中的任一子集 A(如疲劳寿命在某一范围内),确定了一个从 U 到{0,1}的映射 x_A:

$$x_A:U\rightarrow\{0,1\}$$

$$u\mapsto x_A(u)=\begin{cases}1 & u\in A\\ 0 & u\notin A\end{cases} \tag{6-1}$$

映射 x_A 叫做集合 A 的特征函数。论域中的某一元素 u 是否属于集合 A 是明确的。然而,在论域中有些子集的界限并不是很明确(例如,“疲劳寿命在某值左右”),即元素 u 是否属于这个子集并不能确切地回答是与否,而只能说它属于这个集合的程度,这个程度称为隶属度,相应的函数称为隶属函数。显然,这样的问题在普通集合中不能解决。因此,L. A. Zadeh 教授建立了模糊子集的概念及运算规则。

模糊子集$\underset{\sim}{A}$是指:在论域 U 中,对于任意的 $u\in U$,指定了一个数 $\mu_{\underset{\sim}{A}}(u)\in[0,1]$,称 $\mu_{\underset{\sim}{A}}(u)$为 u 对$\underset{\sim}{A}$的隶属度,映射

$$\mu_{\underset{\sim}{A}}:U\rightarrow[0,1]$$

$$u\mapsto\mu_{\underset{\sim}{A}}(u) \tag{6-2}$$

叫做$\underset{\sim}{A}$的隶属函数。

可靠性设计主要是考虑设计变量的随机性,以概率统计为基础。但是,在可靠性设计中还涉及到很多模糊性问题,这就需要用模糊集理论来处理。在机械零件可靠性设计中,模糊集理论的一个重要应用就是模糊事件的概率。

若 X 是离散型随机变量,其可能的取值为 $x_i(i=1,2,\cdots,n)$,样本空间上的模糊子集$\underset{\sim}{A}$表示模糊事件,则该模糊事件的概率定义为:

$$P(\underset{\sim}{A})=\sum_{i=1}^{\infty}\mu_{\underset{\sim}{A}}(x_i)p_i \tag{6-3}$$

式中　$\mu_{\underset{\sim}{A}}(x_i)$——$x_i$ 对$\underset{\sim}{A}$的隶属度;

　　p_i——随机变数 X 取值 x_i 的概率。

若 X 是连续型随机变量,$f(x)$是其概率密度,R(数轴或实数

域）上的模糊子集$\underset{\sim}{A}$表示模糊事件，则该模糊事件的概率定义为：

$$P(\underset{\sim}{A}) = \int_{-\infty}^{\infty} \mu_{\underset{\sim}{A}}(x) f(x) \mathrm{d}x \tag{6-4}$$

式中 $\mu_{\underset{\sim}{A}}(x)$——$\underset{\sim}{A}$的隶属函数。

在机械可靠性设计中，随机变量常常是连续的，故常使用式6-4进行计算。

用式 6-4 计算模糊事件的概率时，概率密度 $f(x)$可通过试验数据进行统计处理后获得，而隶属函数的获得则需要用模糊统计方法。下面介绍一下模糊统计的方法以及在可靠性设计中常用的隶属函数。

6.2 模糊统计和常用的隶属函数

6.2.1 模糊统计方法

模糊性是由于概念外延的模糊而造成的在划分上的不确定性。模糊试验（或称模糊统计）与随机试验类似，是用确定性手段去研究模糊性。与随机试验不同的是模糊试验是对人进行试验，即向被调查的人员（专业技术人员）说明模糊子集合$\underset{\sim}{A}$相对应的模糊概念的含义，要求每个人员对模糊概念进行一次固定化的划分，此划分表示模糊概念的一个近似的外延（相当于做一次试验）。取定一个固定的元素 x_0，求出划分中包含 x_0 的次数 n，计算 x_0 对$\underset{\sim}{A}$的隶属频率，即

$$x_0 \text{ 对}\underset{\sim}{A}\text{的隶属频率} = \frac{n}{N} \tag{6-5}$$

式中 N——划分（试验）的总次数。

实验表明：随着 N 的增大，隶属频率也会呈现出稳定性。频率稳定所在的那个数，叫做 x_0 对$\underset{\sim}{A}$的隶属度。取定不同的 x_0，可以得到不同的隶属频率（隶属度），将其在以 x 为横坐标、隶属函数为纵坐标的平面内描点，将这些点连成光滑曲线，即为隶属函数曲线，如图 6-1 所示。

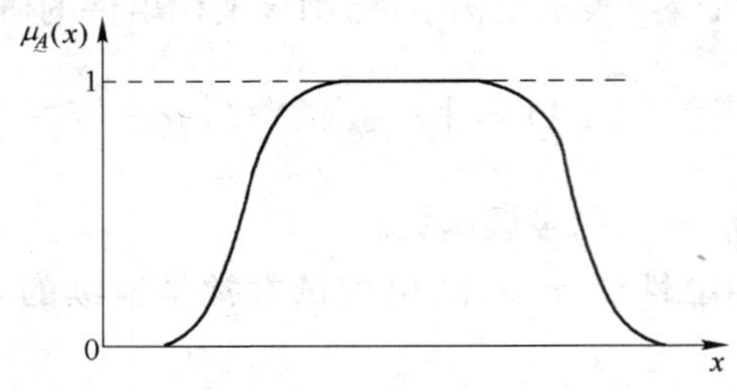

图 6-1 隶属函数曲线

通过上述的模糊统计可以看出，隶属函数是人脑反映的东西，确实包含着人脑的加工，其中包含着某种心理过程。但是，心理活动也是物质性的。心理物理学的大量实验表明，人的各种感觉所反映出来的心理量与外界刺激的物理量之间保持密切的联系。同时，也正是由于隶属函数的确定是人为加工的，所以它具有更大的灵活性，一旦确定的隶属函数与实际不符时，可通过再学习来加以改进。

隶属函数的确定，应该进行模糊统计。也可以利用人们长期积累的实践经验，以及专家和操作人员的经验，但也允许有一定的人为技巧，最终以符合客观实际为标准。这样就避免了一刀切的不合理性。

实际计算时，常常是选择一些具有代表性的隶属函数，然后确定其参数。下面是几种常用的隶属函数。

6.2.2 几种常用的戒上型隶属函数

通常将实数域上的隶属函数称为模糊分布。

隶属函数的理论分布有很多种，鉴于工程设计中很多设计变量都是连续型随机变量，故这里仅给出几种连续型的隶属函数。

在机械可靠性设计中经常遇到的是这样一类问题，如允许的磨损量、允许的变形量、允许的制动距离等。对于这类问题，应该用戒上型的隶属函数，如降半矩形、降半梯形、降半正态、降半 Γ、降半哥西等隶属函数。其中常用的是降半矩形、降半梯形和降半正态隶属函数。

降半矩形隶属函数为：

$$\mu_{\underset{\sim}{A}}(x)=\begin{cases}1 & x\leqslant a\\ 0 & x>a\end{cases} \tag{6-6}$$

降半梯形隶属函数为：

$$\mu_{\underset{\sim}{A}}(x)=\begin{cases}1 & x\leqslant a_1\\ \dfrac{a_2-x}{a_2-a_1} & a_1<x\leqslant a_2\\ 0 & x>a_2\end{cases} \tag{6-7}$$

降半正态隶属函数为：

$$\mu_{\underset{\sim}{A}}(x)=\begin{cases}1 & x\leqslant a\\ \mathrm{e}^{-k(x-a)^2} & x>a\end{cases} \tag{6-8}$$

式中 a、a_1、a_2、k——分布参数。

常用的戒上型隶属函数图形如图 6-2 所示。

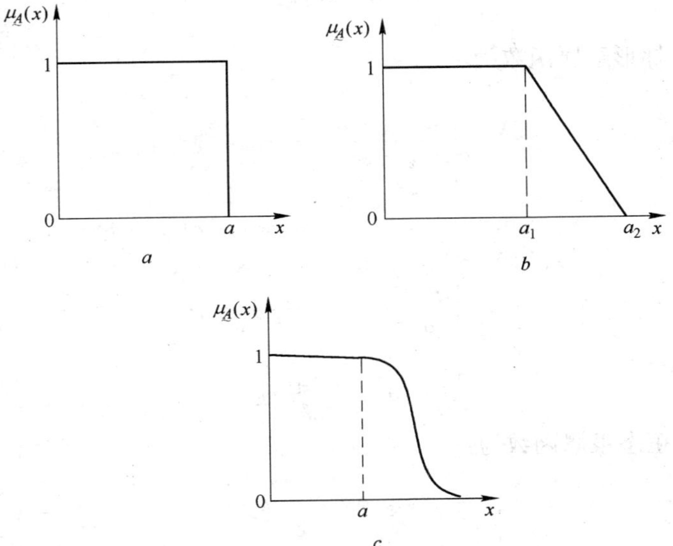

图 6-2 常用的戒上型隶属函数

a—降半矩形隶属函数；*b*—降半梯形隶属函数；*c*—降半正态隶属函数

采用哪一种隶属函数,需通过模糊统计的方法确定。如采用逐级估量法等,然后估计其分布参数。也可以由经验丰富的工程技术人员给定。

6.2.3　几种常用的中间型隶属函数

对于那些“在某值左右”的模糊子集$\underset{\sim}{A}$,可采用中间型隶属函数。仔细推敲可知,有些模糊子集也属于中间型隶属函数的,这类问题将在下一节中予以介绍。

常用的中间型隶属函数有矩形隶属函数、梯形隶属函数、正态隶属函数。

矩形隶属函数为:

$$\mu_{\underset{\sim}{A}}(x)=\begin{cases}1 & a-b<x\leqslant a+b\\ 0 & \text{其他}\end{cases} \tag{6-9}$$

梯形隶属函数为:

$$\mu_{\underset{\sim}{A}}(x)=\begin{cases}\dfrac{a_2+x-a}{a_2-a_1} & a-a_2<x\leqslant a-a_1\\ 1 & a-a_1<x\leqslant a+a_1\\ \dfrac{a_2-x+a}{a_2-a_1} & a+a_1<x\leqslant a+a_2\\ 0 & \text{其他}\end{cases} \tag{6-10}$$

正态隶属函数为:

$$\mu_{\underset{\sim}{A}}=\mathrm{e}^{-k(x-a)^2}\quad k>0 \tag{6-11}$$

其图形分别如图 6-3 所示。

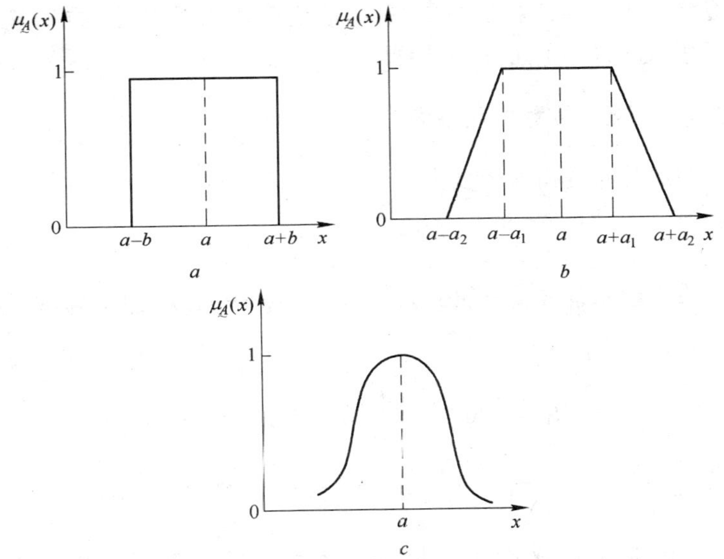

图 6-3 常用的中间型隶属函数

a—矩形隶属函数;b—梯形隶属函数;c—正态隶属函数

6.3 模糊可靠度计算公式

在机械可靠性设计中,有些场合是纯随机性问题,应该用概率统计理论来解决。例如,应力-强度干涉模型中的强度判据即是如此。而有些场合则是模糊性问题,应该用模糊数学的方法来解决。例如,设计中的一些人为规定即是如此。下面推导建立存在模糊性信息时可靠度的计算公式。

设论域中的变数,如磨损量、变形量、寿命、爆破压力等都是随机变数。通过试验获得数据,然后利用数理统计的方法确定其分布类型和分布参数。可靠性设计中常用概率分布与上述的戒上型隶属函数的各种组合的模糊事件概率由式 6-4 推导出具体表达式。当这些模糊事件为"允许的磨损量"、"允许的变形量"等时,此概率即为可靠性;当模糊事件为"产品寿命模糊也小于某值"时,此概率则为不可靠度。为区别于常规的可靠度,这里将其称为模糊可靠度。由于它仍然是一个概率，故仍采用 R 来表示，同时它也可用于机械系统的可靠性计算中。

6.3.1　论域中变数服从指数分布

指数分布的概率密度为：

$$f_{\lambda}(x)=\lambda\mathrm{e}^{-\lambda x}$$

当模糊事件$\underset{\sim}{A}$的隶属函数由式 6-6 表示时，模糊可靠度的表达式为：

$$\begin{aligned}R=P(\underset{\sim}{A})&=\int_{0}^{\infty}\mu_{\underset{\sim}{A}}(x)f_{\lambda}(x)\mathrm{d}x\\&=\int_{0}^{a}\lambda\mathrm{e}^{-\lambda x}\mathrm{d}x=1-\mathrm{e}^{-\lambda a}\end{aligned}\tag{6-12}$$

当模糊事件$\underset{\sim}{A}$的隶属函数由式 6-7 表示时，模糊可靠度的表达式为：

$$\begin{aligned}R=P(\underset{\sim}{A})&=\int_{0}^{\infty}\mu_{\underset{\sim}{A}}(x)f_{\lambda}(x)\mathrm{d}x\\&=\int_{0}^{a_1}\lambda\mathrm{e}^{-\lambda x}\mathrm{d}x+\int_{a_1}^{a_2}\frac{a_2-x}{a_2-a_1}\lambda\mathrm{e}^{-\lambda x}\mathrm{d}x\\&=1-\frac{\mathrm{e}^{-\lambda a_1}-\mathrm{e}^{-\lambda a_2}}{(a_2-a_1)\lambda}\end{aligned}\tag{6-13}$$

当模糊事件$\underset{\sim}{A}$的隶属函数由式 6-8 表示时，模糊可靠度的表达式为：

$$\begin{aligned}R=P(\underset{\sim}{A})&=\int_{0}^{\infty}\mu_{\underset{\sim}{A}}(x)f_{\lambda}(x)\mathrm{d}x\\&=\int_{0}^{a}\lambda\mathrm{e}^{-\lambda x}\mathrm{d}x+\int_{a}^{\infty}\mathrm{e}^{-k(x-a)^2}\lambda\mathrm{e}^{-\lambda x}\mathrm{d}x\\&=1-\mathrm{e}^{-\lambda a}+\lambda\sqrt{\frac{\pi}{k}}\mathrm{e}^{-\lambda\left(a-\frac{\lambda}{4k}\right)}\cdot\left[1-\phi\left(\frac{\lambda}{\sqrt{2\pi}}\right)\right]\end{aligned}\tag{6-14}$$

6.3.2 论域中变数服从正态分布

正态分布的概率密度为：

$$f_N(x)=\frac{1}{\sqrt{2\pi}\sigma}\exp\left[-\frac{(x-\mu)^2}{2\sigma^2}\right]$$

当模糊事件$\underset{\sim}{A}$的隶属函数由式 6-6 表示时，模糊可靠度的表达式为：

$$\begin{aligned}R=P(\underset{\sim}{A})&=\int_{-\infty}^{\infty}\mu_{\underset{\sim}{A}}(x)f_N(x)\mathrm{d}x\\&=\int_{-\infty}^{a}\frac{1}{\sqrt{2\pi}\sigma}\exp\left[-\frac{(x-\mu)^2}{2\sigma^2}\right]\mathrm{d}x\\&=\phi\left(\frac{a-\mu}{\sigma}\right)\end{aligned}\tag{6-15}$$

当模糊事件$\underset{\sim}{A}$的隶属函数由式 6-7 表示时，模糊可靠度的表达式为：

$$\begin{aligned}R=P(\underset{\sim}{A})&=\int_{-\infty}^{\infty}\mu_{\underset{\sim}{A}}(x)f_N(x)\mathrm{d}x\\&=\int_{-\infty}^{a}\frac{1}{\sqrt{2\pi}\sigma}\exp\left[-\frac{(x-\mu)^2}{2\sigma^2}\right]\mathrm{d}x+\\&\quad\int_{a_1}^{a_2}\frac{a_2-x}{a_2-a_1}\cdot\frac{1}{\sqrt{2\pi}\sigma}\exp\left[-\frac{(x-\mu)^2}{2\sigma^2}\right]\mathrm{d}x\\&=\frac{1}{a_2-a_1}\left[(a_2-\mu)\phi\left(\frac{a_2-\mu}{\sigma}\right)-(a_1-\mu)\phi\left(\frac{a_1-\mu}{\sigma}\right)\right]+\\&\quad\sigma\phi\left(\frac{a_2-\mu}{\sigma}\right)\end{aligned}\tag{6-16}$$

式中 $\phi(\cdot)$——标准正态分布的概率密度函数值。

当模糊事件$\underset{\sim}{A}$的隶属函数由式 6-8 表示时，模糊可靠度的表达式为：

$$R = P(\underset{\sim}{A}) = \int_{-\infty}^{\infty} \mu_{\underset{\sim}{A}}(x) f_N(x) \mathrm{d}x$$
$$= \int_{-\infty}^{a} \frac{1}{\sqrt{2\pi}\sigma} \exp\left[-\frac{(x-\mu)^2}{2\sigma^2}\right] \mathrm{d}x +$$
$$\int_{0}^{\infty} \mathrm{e}^{-k(x-a)^2} \cdot \frac{1}{\sqrt{2\pi}\sigma} \exp\left[-\frac{(x-\mu)^2}{2\sigma^2}\right] \mathrm{d}x$$
$$= \Phi\left(\frac{a-\mu}{\sigma}\right) + \frac{1}{\sqrt{2k\sigma^2+1}} \mathrm{e}^{-\frac{y_2}{2}} [1-\Phi(y_1)] \tag{6-17}$$

其中：

$$y_1 = \frac{a-\mu}{\sigma\sqrt{2k\sigma^2+1}}$$

$$y_2 = 2ka^2 + \left(\frac{\mu}{\sigma}\right)^2 - \frac{(2ka\sigma^2+\mu)^2}{\sigma^2(2k\sigma^2+1)}$$

6.3.3 论域中变数服从对数正态分布

对数正态分布的概率密度函数为：

$$f_L(x) = \frac{1}{\sqrt{2\pi}\sigma x} \exp\left[-\frac{(\ln x-\mu)^2}{2\sigma^2}\right]$$

当模糊事件$\underset{\sim}{A}$的隶属函数由式 6-6 表示时，模糊可靠度的表达式为：

$$R = P(\underset{\sim}{A}) = \int_{0}^{\infty} \mu_{\underset{\sim}{A}}(x) f_L(x) \mathrm{d}x$$
$$= \int_{0}^{a} \frac{1}{\sqrt{2\pi}\sigma x} \exp\left[-\frac{(\ln x-\mu)^2}{2\sigma^2}\right] \mathrm{d}x$$
$$= \Phi\left(\frac{\ln a-\mu}{\sigma}\right) \tag{6-18}$$

当模糊事件$\underset{\sim}{A}$的隶属函数由式 6-7 表示时，模糊可靠度的表达式为：

$$R = P(\underset{\sim}{A}) = \int_0^{\infty} \mu_{\underset{\sim}{A}}(x) f_L(x) \mathrm{d}x$$
$$= \int_0^{a_1} \frac{2}{\sqrt{2\pi}\sigma x} \exp\left[-\frac{(\ln x - \mu)^2}{2\sigma^2}\right] \mathrm{d}x +$$
$$\int_{a_1}^{a_2} \frac{a_2 - x}{a_2 - a_1} \cdot \frac{1}{\sqrt{2\pi}\sigma x} \exp\left[-\frac{(\ln x - \mu)^2}{2\sigma^2}\right] \mathrm{d}x$$
$$= \frac{1}{a_2 - a_1}\left\{a_2 \Phi\left(\frac{\ln a_2 - \mu}{\sigma}\right) - a\Phi\left(\frac{\ln a_1 - \mu}{\sigma}\right) - \exp\left(\mu + \frac{\sigma^2}{2}\right)\right.$$
$$\left.\left[\Phi\left(\frac{\ln a_2 - \mu - \sigma^2}{\sigma}\right) - \Phi\left(\frac{\ln a_1 - \mu - \sigma^2}{\sigma}\right)\right]\right\} \tag{6-19}$$

当模糊事件$\underset{\sim}{A}$的隶属函数由式 6-8 表示时，模糊可靠度的表达式为：

$$R = P(\underset{\sim}{A}) = \int_0^{\infty} \mu_{\underset{\sim}{A}}(x) f_L(x) \mathrm{d}x$$
$$= \int_0^{a} \frac{1}{\sqrt{2\pi}\sigma x} \exp\left[-\frac{(\ln x - \mu)^2}{2\sigma^2}\right] \mathrm{d}x +$$
$$\int_{a}^{\infty} \mathrm{e}^{-k(x-a)^2} \cdot \frac{1}{\sqrt{2\pi}\sigma x} \exp\left[-\frac{(\ln x - \mu)^2}{2\sigma^2}\right] \mathrm{d}x$$
$$= \Phi\left(\frac{\ln a - \mu}{\sigma}\right) + \frac{1}{\sqrt{2\pi}} \int_{\frac{\ln a - \mu}{\sigma}}^{\infty} \exp\left[-\frac{y^2}{2} - k(\mathrm{e}^{\mu+\sigma y} - a)^2\right] \mathrm{d}y \tag{6-20}$$

上式中的积分用数值积分求解。

6.3.4 论域中变数服从威布尔分布

威布尔分布的概率密度函数为：

$$f_w(x) = \frac{m}{\eta}\left(\frac{x}{\eta}\right)^{m-1} \exp\left[-\left(\frac{x}{\eta}\right)^m\right]$$

当模糊事件$\underset{\sim}{A}$的隶属函数由式 6-6 表示时，模糊可靠度的表达式为：

$$R = P(\underset{\sim}{A}) = \int_0^{\infty} \mu_{\underset{\sim}{A}}(x) f_w(x) \mathrm{d}x$$

$$= \int_0^a \frac{m}{\eta}\left(\frac{x}{\eta}\right)^{m-1} \exp\left[-\left(\frac{x}{\eta}\right)^m\right] dx$$

$$= 1 - \exp\left[-\left(\frac{a}{\eta}\right)^m\right] \tag{6-21}$$

当模糊事件$\underset{\sim}{A}$的隶属函数由式 6-7 表示时,模糊可靠度的表达式为:

$$\begin{aligned} R = P(\underset{\sim}{A}) &= \int_0^\infty \mu_{\underset{\sim}{A}}(x) f_w(x) dx \\ &= \int_0^{a_1} \frac{m}{\eta}\left(\frac{x}{\eta}\right)^{m-1} \exp\left[-\left(\frac{x}{\eta}\right)^m\right] dx + \\ &\quad \int_{a_1}^{a_2} \frac{a_2 - x}{a_2 - a_1} \cdot \frac{m}{\eta}\left(\frac{x}{\eta}\right)^{m-1} \exp\left[-\left(\frac{x}{\eta}\right)^m\right] dx \\ &= 1 - \frac{1}{a_2 - a_1}\int_{a_1}^{a_2} \exp\left[-\left(\frac{x}{\eta}\right)^m\right] dx \end{aligned} \tag{6-22}$$

当模糊事件$\underset{\sim}{A}$的隶属函数由式 6-8 表示时,模糊可靠度的表达式为:

$$\begin{aligned} R = P(\underset{\sim}{A}) &= \int_0^\infty \mu_{\underset{\sim}{A}}(x) f_w(x) dx \\ &= \int_0^{a} \frac{m}{\eta}\left(\frac{x}{\eta}\right)^{m-1} \exp\left[-\left(\frac{x}{\eta}\right)^m\right] dx + \\ &\quad \int_{a}^{\infty} e^{-k(x-a)^2} \cdot \frac{m}{\eta}\left(\frac{x}{\eta}\right)^{m-1} \exp\left[-\left(\frac{x}{\eta}\right)^m\right] dx \\ &= 1 - 2k\int_0^\infty y \exp\left[-ky^2 - \left(\frac{y+a}{\eta}\right)^m\right] dy \end{aligned} \tag{6-23}$$

以上推导出论域中变数服从不同分布与常用的戒上型隶属函数组合时模糊可靠度的具体表达式,计算时可根据具体情况选用不同的公式。

6.4 模糊可靠度的应用及计算举例

就机械零件的可靠性设计而言,模糊可靠度不是在任何场合都可以使用的,而是应该应用在确定存在模糊信息的场合。下面将模糊可靠性设计的应用场合列举一些,供可靠性设计时参考。

6.4.1 磨损的模糊可靠性设计

在机械产品中,约有 80%的失效是由磨损引起的,因此研究磨损的可靠性设计非常重要。但是,磨损与很多因素有关,是一个非常复杂的物理-化学过程。目前,通常是通过专门的试验获得工作到一定时间的磨损量数据,然后由这些数据判断磨损量的分布类型,估计出分布参数。大量试验结果表明:指定时间时的磨损量可以用正态分布来描述,即 $W \sim N(\mu,\sigma^2)$。由磨损引起的失效是一个模糊事件,即磨损到什么程度才算失效,这个概念并不清晰,没有明确的外延。因此,在这种场合应采用模糊可靠性设计。

设论域为磨损量 W,磨损量的概率密度为 $f_{NW}(w)$,模糊事件$\underset{\sim}{A}$为"允许的磨损量",隶属函数应为戒上型,则模糊可靠度为:

$$R = P(\underset{\sim}{A}) = \int_{-\infty}^{\infty} \mu_{\underset{\sim}{A}}(x) f_{NW}(w)\mathrm{d}w \qquad (6\text{-}24)$$

当给定正态分布的分布参数时,相应的隶属函数即可由式 6-15~式 6-17 进行求解。

6.4.2 腐蚀的模糊可靠性设计

腐蚀是由于零件在腐蚀介质中工作时产生的,例如锅炉、水轮机叶片等。腐蚀也是一种耗损型失效,腐蚀量是一随机变数,腐蚀失效判据是一个模糊概念,因此也宜用模糊可靠性设计。

关于腐蚀的模糊可靠性设计方法与磨损的设计方法完全相同,故不重述。

6.4.3 刚度的模糊可靠性设计

在有些机械中,主要的零件不允许出现过大的弹性变形,即变形量超过某一规定值时即判为失效,例如机床主轴、电机轴、蜗杆轴等。变形量包括挠度、偏转角、扭转角。由于变形量 Y 是一随机变量，且"允许的变形量"为一模糊事件$\underset{\sim}{A}$，因此宜用模糊可靠性设计。

设论域为变形量 Y，"允许的变形量"是一模糊事件$\underset{\sim}{A}$，隶属函数应为戒上型，故模糊可靠度为：

$$R = P(\underset{\sim}{A}) = \int_{-\infty}^{\infty} \mu_{\underset{\sim}{A}}(y) f(y) \mathrm{d}y \qquad (6\text{-}25)$$

变形量的概率密度 $f(y)$ 可以用材料力学的计算公式及随机变量函数分布的计算公式通过计算获得，通常也认为变形量服从正态分布，即 $Y \sim N(\mu, \sigma^2)$。"允许的变形量"这一模糊事件$\underset{\sim}{A}$的隶属函数仍取为戒上型，故可由式 6-15～式 6-17 计算零件刚度的模糊可靠度。

6.4.4　压力容器安全保护装置的模糊可靠性设计

压力系统通常都要安装保护装置，例如箔片式除爆器等。当系统压力过高时，除爆器箔片就破坏形成通道使系统泄压，从而防止严重事故的发生。除爆器的爆破压力 p 受箔片材质、厚度等随机因素的影响是一个随机变量，其分布类型和分布参数可以通过试验经统计处理后得到。而"安全的爆破压力"则是一个模糊事件$\underset{\sim}{A}$，其隶属函数应为戒上型，因此在这种情况下，也宜用模糊可靠性设计。

设论域为爆破压力 P，模糊事件$\underset{\sim}{A}$为"安全的爆破压力"，故此时的模糊可靠度为：

$$R = P(\underset{\sim}{A}) = \int_{-\infty}^{\infty} \mu_{\underset{\sim}{A}}(p) f(p) \mathrm{d}p \qquad (6\text{-}26)$$

当给出爆破压力的概率密度 $f(p)$ 及隶属函数 $\mu_{\underset{\sim}{A}}(p)$ 后即可由式 6-12～式 6-23 计算其模糊可靠度。

6.4.5　寿命的模糊可靠性设计

在机械系统中，系统的可靠性计算是以寿命为变量进行的。

零件的可靠性设计也常以寿命为变量进行计算。那么以寿命是否超过某一规定值为失效判据时，也应该使用模糊可靠性设计。

设论域为系统或零件的寿命 T，概率密度为 $f_T(t)$，模糊事件 $\underset{\sim}{A}$ 为“寿命模糊地大于某一规定值”，则此时的模糊可靠度为：

$$R = P(\underset{\sim}{A}) = \int_{-\infty}^{\infty} \mu_{\underset{\sim}{A}}(t) f_T(t) \mathrm{d}t \tag{6-27}$$

上式中隶属函数应为戒下型，为了用本章给出的戒上型隶属函数，可由下式进行求解：

$$R = 1 - \int_{-\infty}^{\infty} \mu_{\underset{\sim}{A}}(t) f_T(t) \mathrm{d}t \tag{6-28}$$

以寿命为判据的模糊可靠性设计特别适用于根据现场试验资料进行的可靠性计算。

6.4.6 系统功能失效的模糊可靠性设计

衡量一个系统的好坏常常有很多指标。在这些指标中，除少数影响系统的零部件失效（如脆断等）造成系统不能正常工作外，大部分故障都是由于系统的功能下降引起的。例如，对于汽车来说，载重量降低、耗油量增大、制动力下降、噪声水平增高、漏油量增大等都是功能性故障，即当某一功能达到某一规定水平时即判其发生故障。这一水平值通常都是人为规定的，不是产品本身固有的特性。因此，对于这些功能失效也都应该用模糊可靠性进行计算。当通过试验获得这些变量的概率分布后，再选定合适的隶属函数（通常都是戒上型），即可用前面给出的公式进行模糊可靠性计算。

6.4.7 机械强度可靠性的近似计算

在机械强度可靠性设计中，强度条件为“应力小于极限应力”。应力和极限应力都是随机变量，具有相应的概率分布，因此应该采用普通的可靠性设计方法进行计算。但当应力或强度的概率分布不知道时，可以用模糊可靠性进行计算。由应力-强度干涉模型求可靠度的公式为：

$$R=\int_{-\infty}^{\infty} f_X(x)\left[\int_{x}^{\infty} f_Y(y)\mathrm{d}y\right]\mathrm{d}x$$
$$=\int_{-\infty}^{\infty}[1-F_Y(x)]f_X(x)\mathrm{d}x \tag{6-29}$$

或

$$R=\int_{-\infty}^{\infty} f_Y(y)\left[\int_{-\infty}^{y} f_X(x)\mathrm{d}x\right]\mathrm{d}y$$
$$=\int_{-\infty}^{\infty} F_X(y)f_Y(y)\mathrm{d}y \tag{6-30}$$

式 6-29 中 $1-F_Y(x)$ 可以看成是戒上型的隶属函数；式 6-30 中 $F_X(y)$ 可以看成是戒下型的隶属函数。当强度的概率密度 $f_Y(y)$ 或应力的概率密度 $f_X(x)$ 无法获得时，可采用模糊统计的方法确定其相应的隶属函数，然后进行模糊可靠度的计算，以近似代替普通的可靠度计算。

目前，在磨损的可靠性设计中有两种方法：

(1) 在指定的某一工作时间，按给定的许用磨损量（定值或具有一定的分布）和实际磨损量，利用磨损量的应力-强度干涉模型进行磨损的可靠性计算。

(2) 在达到许用磨损量（定值）时，按给定的工作时间（定值或具有一定的分布）和达到许用磨损量时的时间，利用时间的应力-强度干涉模型进行磨损的可靠性设计计算。

在这两种磨损的可靠性设计方法中，都必须规定许用磨损量。如前所述，许用磨损量是人为给定的，其概念本身是模糊的。因此，在磨损的可靠性设计中应使用模糊数学的方法。

6.5 最大应力和最小强度组合的模糊可靠度

有些文献将模糊概念用于机械强度准则中，即认为应力小于许用应力的许用应力是一个模糊概念。但就强度准则而言，其实质是应力小于极限应力时零件就不会破坏。许用应力只是以往用确定值计算时,为了更安全而采用的。应力和极限应力实际上是随机变量,可以通过试验确定其概率分布,用概率理论计算零件的可靠度,或用模糊事件的概率方法求零件近似的可靠度。

在机械可靠性设计中,以应力-强度干涉模型计算可靠度是最基本的模型。它是以常规的机械强度理论为基础,将设计中的变量(应力和强度)作为随机变量来处理,可以定量给出零件的可靠度。这是一种比较符合实际的设计方法,理论也比较成熟。但是这种设计方法要求已知设计中每一个设计变量的概率分布。为了获得它们的精确分布,需要花费大量的人力、物力和财力,尤其对新设计的产品更是困难,因为待设计的产品还没有实物。为此,本节拟从另一个角度出发重新定义零件的可靠度,即模糊可靠度。

张骏华提出了最大应力和最小强度的概念。他指出:传统的强度分析就是用最小强度和最大应力。例如,《机械设计手册》中给出的强度极限 σ_b 和屈服极限 σ_s 常常是最小值(给出的值不小于表中值)。同样,对于工作载荷、工作应力也不可能为无限大。因此,为了充分使用《机械设计手册》中的强度数据,又适用于新设计的产品,这里定义强度准则为“最小强度大于最大应力”。由此认为应力有最大值,强度有最小值。最大值和最小值用模糊统计的方法确定。

现在,用模糊子集来定义最大应力和最小强度(极限应力)。设论域为应力 σ,则最大工作应力为论域上的一个模糊子集 $\underset{\sim}{\sigma}_{max}$,隶属函数为 $\mu_{\underset{\sim}{\sigma}_{max}}(\sigma)$;最小强度也为论域上的一个模糊子集 $\underset{\sim}{\sigma}_{\lim\min}$,隶属函数为 $\mu_{\underset{\sim}{\sigma}_{\lim\min}}(\sigma)$。模糊可靠度定义为:

$$R = P(\underset{\sim}{\sigma}_{max} < \underset{\sim}{\sigma}_{\lim\min}) \tag{6-31}$$

$\underset{\sim}{\sigma}_{max}$ 和 $\underset{\sim}{\sigma}_{\lim\min}$ 的隶属函数组合如图 6-4 所示。若最大应力的上限小于最小极限应力的下限,则此时可靠度等于 1(图 6-4*a*);一般情况下,最大应力和最小极限应力的隶属函数取值区间如图 6-4*b* 所示。在这种情况下如何计算式 6-31 给出的模糊可靠度,现在模糊数学的有关文献中都没有给出计算方法。这也说明虽然模糊数学从创立到现在的几十年中发展非常迅速,但毕竟还是一个年轻的数学分支,还有很多理论需要在处理实际问题时去发展、完善。这里借用概率的应力-强度干涉模型理论来求解这种模糊可靠度的问题。由于隶属函数并不符合概率密度的条件,所以应对隶属函数进行修正,即将隶属函数归一化,得:

$$\mu_{\underset{\sim}{\sigma}}^{*}(\sigma)=\mu_{\underset{\sim}{\sigma}}\Big/\int_{\sigma}\mu_{\underset{\sim}{\sigma}}(\sigma)\mathrm{d}\sigma \tag{6-32}$$

式中,$\mu_{\underset{\sim}{\sigma}}^{*}(\sigma)$ 满足概率密度的三个条件,$\int_{\sigma}\mu_{\underset{\sim}{\sigma}}(\sigma)\mathrm{d}\sigma$ 的积分在整个取值区间。

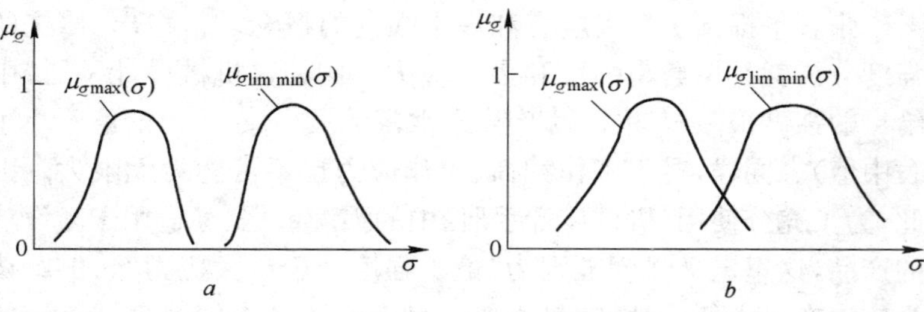

图 6-4 $\underset{\sim}{\sigma}_{\max}$ 和 $\underset{\sim}{\sigma}_{\lim\min}$ 的隶属函数组合

仔细推敲“最大工作应力”和“最小极限应力”这两个模糊概念后认为,它们都应取中间型隶属函数,如式 6-9～式 6-11 所示。

使用归一化的隶属函数(相当于概率密度) $\mu_{\underset{\sim}{\sigma}}^{*}(\sigma)$,仿照应力-强度干涉模型计算可靠度的一般方法,可得模糊可靠度为:

$$\begin{aligned}R&=P(\underset{\sim}{\sigma}_{\max}<\underset{\sim}{\sigma}_{\lim\min})\\&=\frac{\int_{-\infty}^{\infty}\mu_{\underset{\sim}{\sigma}_{\max}}(x)\left[\int_{x}^{\infty}\mu_{\underset{\sim}{\sigma}_{\lim\min}}(y)\mathrm{d}y\right]\mathrm{d}x}{\int_{-\infty}^{\infty}\mu_{\underset{\sim}{\sigma}_{\max}}(x)\mathrm{d}x\int_{-\infty}^{\infty}\mu_{\underset{\sim}{\sigma}_{\lim\min}}(y)\mathrm{d}y}\end{aligned} \tag{6-33}$$

或

$$R = P(\underset{\sim}{\sigma}_{\lim\min} > \underset{\sim}{\sigma}_{\max})$$
$$= \frac{\int_{-\infty}^{\infty} \mu_{\underset{\sim}{\sigma}_{\lim\min}}(y)\left[\int_{-\infty}^{y} \mu_{\underset{\sim}{\sigma}_{\max}}(x)\mathrm{d}x\right]\mathrm{d}y}{\int_{-\infty}^{\infty} \mu_{\underset{\sim}{\sigma}_{\max}}(x)\mathrm{d}x \int_{-\infty}^{\infty} \mu_{\underset{\sim}{\sigma}_{\lim\min}}(y)\mathrm{d}y} \tag{6-34}$$

式 6-33、式 6-34 是计算零件模糊可靠度的一般表达式。由于常用的隶属函数有些是有界的，要分不同情况来建立模糊可靠度的计算公式。所以就几种情况给出模糊可靠度的具体计算公式，其他情况的模糊可靠度的表达式可仿照推导公式的过程进行。

(1) $\underset{\sim}{\sigma}_{\max}$ 和 $\underset{\sim}{\sigma}_{\lim\min}$ 均具有矩形隶属函数。

由式 6-9 知，最大应力的隶属函数为：

$$\mu_{\underset{\sim}{\sigma}_{\max}}(x) = \begin{cases} 1 & a-b < x \leqslant a+b \\ 0 & 其他 \end{cases} \tag{a}$$

归一化因子为：

$$\int_{a-b}^{a+b} \mu_{\underset{\sim}{\sigma}_{\max}}(x)\mathrm{d}x = 2b \tag{b}$$

最小极限应力的隶属函数为：

$$\mu_{\underset{\sim}{\sigma}_{\lim\min}}(x) = \begin{cases} 1 & a'-b' < y \leqslant a'+b' \\ 0 & 其他 \end{cases} \tag{c}$$

归一化因子为：

$$\int_{a'-b'}^{a'+b'} \mu_{\underset{\sim}{\sigma}_{\max}}(y)\mathrm{d}y = 2b' \tag{d}$$

当 $a+b<a'-b'$ 时，模糊可靠度等于 1。一般情况下，$a-b \leqslant a'-b' \leqslant a+b \leqslant a'+b'$，如图 6-5 所示。将式 a～式 d 代入式6-33 得此时模糊可靠度为：

$$R = \frac{1}{2b}\int_{a-b}^{a'-b'} \mathrm{d}x + \frac{1}{4bb'}\int_{a'-b'}^{a+b}\left[\int_{x}^{a'+b'} \mathrm{d}y\right]\mathrm{d}x$$
$$= \frac{a'-b'-a+b}{2b} + \frac{1}{4bb'}$$

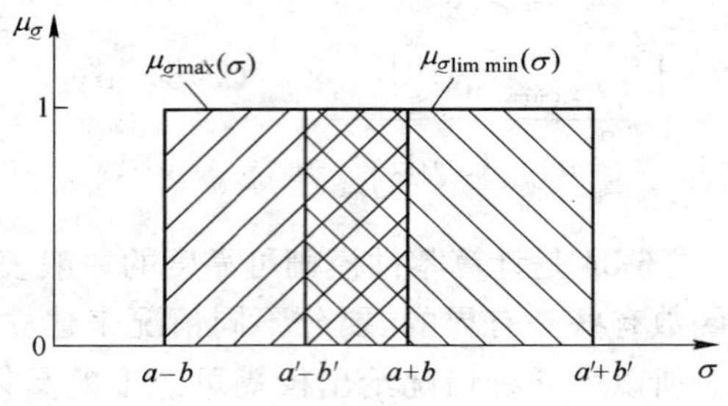

图 6-5 矩形隶属函数的组合

$$\left\{(a'+b')(a+b-a'+b')-\frac{1}{2}\left[(a+b)^2-(a'-b')^2\right]\right\} \tag{6-35}$$

(2) $\underset{\sim}{\sigma}_{\max}$ 和 $\underset{\sim}{\sigma}_{\lim\min}$ 均具有梯形隶属函数。

由式 6-10 知，最大应力的隶属函数为：

$$\mu_{\underset{\sim}{\sigma}_{\max}}(y)=\begin{cases}\dfrac{a_2+x-a}{a_2-a_1} & a-a_2<x\leqslant a-a_1\\ 1 & a-a_1<x\leqslant a+a_1\\ \dfrac{a_2-x+a}{a_2-a_1} & a+a_1<x\leqslant a+a_2\\ 0 & \text{其他}\end{cases} \tag{a}$$

归一化因子为：

$$\int_{-\infty}^{\infty}\mu_{\underset{\sim}{\sigma}_{\max}}(x)\mathrm{d}x=a_1+a_2 \tag{b}$$

最小极限应力的隶属函数为：

$$\mu_{\underset{\sim}{\sigma}_{\lim\min}}(y)=\begin{cases}\dfrac{b_2+y-b}{b_2-b_1} & b-b_2<y\leqslant b-b_1\\ 1 & b-b_1<y\leqslant b+b_1\\ \dfrac{b_2-y+b}{b_2-b_1} & b+b_2<y\leqslant b+b_1\\ 0 & \text{其他}\end{cases} \tag{c}$$

归一化因子为：

$$\int_{-\infty}^{\infty}\mu_{\underset{\sim}{\sigma}_{\lim\min}}(y)\mathrm{d}y = b_1 + b_2 \tag{d}$$

当 $a+a_2<b-b_2$ 时，模糊可靠度等于 1。不同的干涉情况应给出相应的模糊可靠度表达式。这里给出常用的一种情况，即 $a+a_2\leqslant b-b_2\leqslant a+a_2\leqslant b-b_1$，如图 6-6 所示。将式 a～式 d 代入式 6-33 中得到模糊可靠度为：

$$\begin{aligned}R &= \frac{1}{a_1+a_2}\int_{a-a_2}^{a-a_1}\frac{a_2+x-a}{a_2-a_1}\mathrm{d}x + \frac{1}{a_1+a_2}\int_{a-a_1}^{a+a_1}\mathrm{d}x \\ &\quad \frac{1}{(a_1+a_2)(b_1+b_2)}\int_{a+a_1}^{b-b_2}\frac{a_2-x+a}{a_2-a_1}\left[\int_{x}^{b+b_2}\mu_{\underset{\sim}{\sigma}_{\lim\min}}(y)\mathrm{d}y\right]\mathrm{d}x \\ &= 1-\frac{(a_2-b+b_2+a)^2}{a_2^2-a_1^2}-\frac{(b_2+a+a_2-b)^4}{24(a_2^2-a_1^2)(b_2^2-b_1^2)}\end{aligned} \tag{6-36}$$

当最大应力和最小极限应力的隶属函数是三角形时，则令式 6-36 中 $a_1=b_1=0$ 即可。

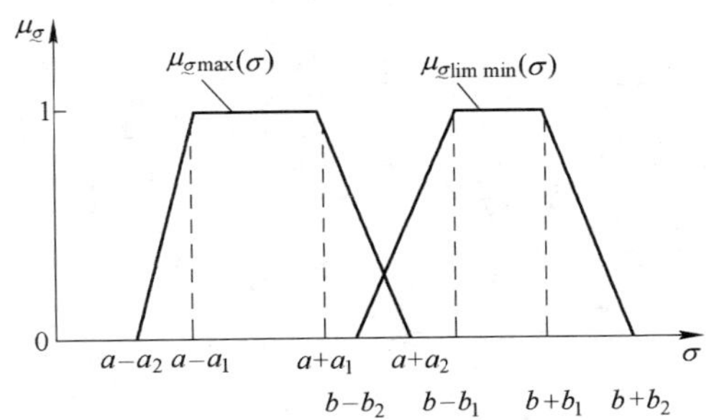

图 6-6 梯形隶属函数的组合

(3) $\underset{\sim}{\sigma}_{\max}$ 和 $\underset{\sim}{\sigma}_{\lim\min}$ 均具有正态隶属函数。

由式 6-11 知，最大应力的隶属函数为：

$$\mu_{\underset{\sim}{\sigma}_{\max}}(x) = \mathrm{e}^{-k_1(x-a_1)^2} \tag{a}$$

归一化因子为：

$$\int_{-\infty}^{\infty}\mu_{\underset{\sim}{\sigma}_{\max}}(x)\mathrm{d}x=\sqrt{\frac{\pi}{k_1}} \tag{b}$$

最小极限应力的隶属函数为：

$$\mu_{\underset{\sim}{\sigma}_{\lim\min}}(x)=\mathrm{e}^{-k_2(y-a_1)^2} \tag{c}$$

归一化因子为：

$$\int_{-\infty}^{\infty}\mu_{\underset{\sim}{\sigma}_{\lim\min}}(y)\mathrm{d}y=\sqrt{\frac{\pi}{k_2}} \tag{d}$$

将式 a～式 d 代入式 6-33 得模糊可靠度为：

$$R=\frac{\sqrt{k_1k_2}}{\pi}\int_{-\infty}^{\infty}\mathrm{e}^{-k_1(x-a_1)^2}\left[\int_{x}^{\infty}\mathrm{e}^{-k_2(y-a_2)^2}\mathrm{d}y\right]\mathrm{d}x \tag{6-37}$$

7 钢结构系统可靠性分析及其应用

结构系统可靠性理论是20世纪80年代前后发展起来的一门新兴边缘学科，主要数学基础是概率论、数理统计和随机过程理论、决策论、组合数学和近代数理统计方法，主要计算手段是有限元法、边界元法和随机网络分析技术。结构可靠性通常定义为：在规定的使用条件和环境下，在给定的使用寿命期间，结构有效地承受载荷和耐受环境而正常工作的能力。结构可靠性的数量指标通常用失效概率 P_f 或结构可靠度 β 表示。结构可靠性理论分为结构元部件可靠性理论和结构系统可靠性理论两个层次。结构元部件可靠性理论的研究起步于20世纪20年代，50年代后开始引起广泛关注。结构系统可靠性理论的真正研究在20世纪80年代才出现。结构系统可靠性理论中的系统有两个含义：第一，系统是由结构单元构成的具有一定功能关系的组合体；第二，系统失效有明确的演化历程，失效过程中系统的拓扑结构将发生明确的变化。对于随机结构系统，若在整个分析过程中假定其拓扑结构不发生演化，则其可靠性分析与元件的可靠性分析之间没有本质的区别。结构系统可靠性理论之所以出现较晚，很大程度上是因为系统失效过程中其拓扑结构发生了变化，而使得结构失效模式的识别和分析变得十分困难。

结构系统可靠性理论与算法的研究主要包括以下三项内容：(1)识别结构系统主要失效模式的算法研究；(2)根据主要失效模式的安全余量方程(系统功能函数)计算模式失效概率的研究；(3)由主要失效模式的模式失效概率和主要失效模式间的相关关系计算系统综合失效概率或其上下界。

7.1 识别结构系统主要失效模式的算法

结构系统主要模式的识别算法的核心有两个:(1)如何实现结构的失效状态转移;(2)如何快速、正确地生成结构系统失效树的主干和主支。对于确定性结构系统,可能的失效路径只有一条,熟悉计算结构力学和结构极限状态分析算法的人们知道如何完成第一项任务。对于随机结构系统,由于可能的失效路径多种多样,因此不仅需要考虑如何实现结构的失效状态转移,而且需要判断结构的失效状态下一步最有可能朝哪些路径转移。当可能的失效状态不只一条时,便会出现分支现象。显然,如果在每一个分支点考虑所有的分支可能,则只需分支操作,便可以生成完整的失效树集合,这就是自动化的简单穷举算法。熟悉组合数学网络分析理论的人们都知道,简单穷举的结果必然导致组合爆炸。避免出现组合爆炸的唯一出路,就是通过有效的算法,将那些最有可能对最终结果产生重要影响的分支提前选出来,从而避免分支规模的无限制扩大。限制分支规模的操作就是约界。因此,约界操作的目的是在生长过程中,而不是在生长过程结束后,将失效树的主干和主支快速、正确地识别出来。结构系统主要失效模式识别算法成功与否的关键,在于能否建立合理高效的约界准则和约界算法。从数理逻辑的角度讲,计算结构力学的逻辑基础是演绎自动逻辑。演绎逻辑的特点决定理论上可以采用自动方式生成结构系统的失效树。

对于高冗余度的大型结构系统,存在很多失效模式,以致在估算系统的可靠度或失效概率之前,识别它们的全体是十分困难的,甚至是不可能的。为此,很多国内外的学者,都在积极探索和研究确定结构系统的主要失效模式的方法。实践证明,结构系统的失效概率主要是由几个或不超过十个的为数不多的主要失效模式所决定。目前确定结构系统主要失效模式的方法主要有 β-unzipping 法、分枝限界法、载荷增量法和准则法等。

7.1.1 β-unzipping 法

β-unzipping 法是一种可在不同级结构上，估计结构系统可靠性的方法。该方法比较简单，且具有一定的精度。

对于单一结构元件失效的结构系统可靠性估计（即元件具有最低可靠性指标）称为 0 级系统可靠性。在 0 级，结构系统的可靠性等于具有最低可靠性指标的元件的可靠性。所以，这种可靠性分析实际上不是系统可靠性分析，而是元件的可靠性分析。在 0 级，认为每个元件与其他元件相互独立，在可靠性估计中不考虑元件间的相关性。设结构由 n 个失效元件（即可发生失效的元件或点）组成，并设失效元件 i 的可靠性指标用 β_i 表示，则在 0 级，系统可靠性表示为：$\beta_s = \min\limits_{i=1,2,\cdots,n} \beta_i$。

结构系统可靠性更满意的估计可在 1 级完成，其中任何失效元件的失效概率，由将结构系统模拟为以失效元件为其元件的串联系统来考虑。该串联系统的失效概率可根据系统模型中各失效元件的可靠性指标和失效元件安全余量间的相关性来计算。

在 1 级，系统的失效定义为一失效元件的失效。串联系统包括 n 个失效元件，失效概率的估计，通常可仅由包括有低于 β 值的失效元件得到，并有满意的精度。这样的失效元件的选择，可由选择失效元件的 β 值在一区间（$\beta_{\min}$，$\beta_{\min}+\Delta\beta_1$）内来完成。这里的 $\Delta\beta_1$ 应以合适的方法来选择。这些选得的失效元件称为关键失效元件。

在 2 级，结构系统可靠性按串联系统估计，其中每个元件（即一个失效模式）是由两个失效元件组成的并联系统，如图 7-1 所示。为得到这些关键失效元件，由假定关键失效元件依次失效，和增加人为的对应于失效元件承载能力的载荷来修改结构系统。设元件 i 是关键失效元件，则由假定元件 i 失效和失效元件的承载能力作为人为的载荷施加于结构上来修改结构系统，此时元件是塑性性质。若失效元件是脆性性质，就不施加人为的载荷。然后分析被修改的结构，并计算所有其余失效元件的新 β 值，则低于 β 值的

失效元件和元件 i 的组合，即确定了若干关键对的失效元件，如图 7-2 所示。

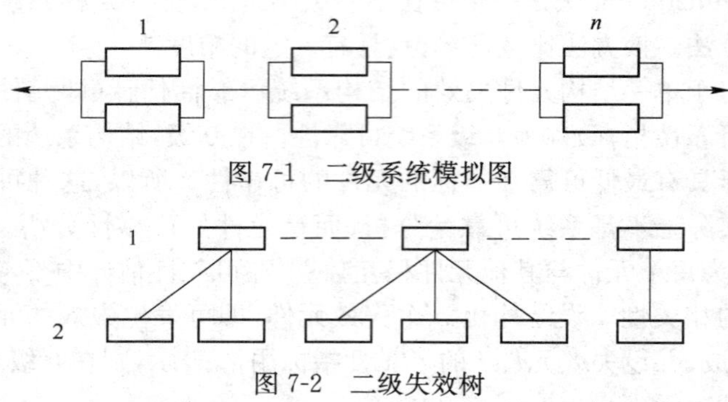

图 7-1　二级系统模拟图

图 7-2　二级失效树

同理，3 级可靠性分析用上述方法根据串联系统得到，其中元件是每个都由三个失效元件组成的并联系统。用相同的方法，可进行 4 级、5 级等的可靠性估算。

7.1.2　分枝限界法

对于弹塑性材料组成的高冗余度（超静定）系统，任一元件的失效，不一定会引起整个结构系统的失效。假定结构以下面方式发生失效：当任一元件失效时，在未失效元件之间发生内力的重新分布，将超过该失效元件的承载能力的内力转嫁到其他元件上，此时，必又引起另一元件达到极限状态而失效（这里，假定失效是顺序进行的）；重复类似过程，当失效元件数达到某一值 p_q 时，结构系统失效，此时就形成一个失效模式。

按失效元件序号组成的失效顺序，统称为失效路径。形成一个失效模式的失效路径叫做完全失效路径，对于未形成失效模式的按失效单元序号组成的失效顺序称为不完全失效路径。由脆性材料组成的结构系统，失效模式的安全余量与组成该失效模式的失效元件的顺序有关。

分枝限界法的原理，是对于大型结构系统，通过分枝和限界，从众多的失效模式中，找出主要失效模式来计算结构系统的可靠度。它包括分枝和限界两个步骤。

7.1.2.1 分枝

选取失效路径中的失效元件的计算，称为分枝。在搜索和生成失效模式时，原则上可按任意次序进行。但效率高的算法应当是尽快找出那些最有可能产生失效元件的序列。这就意味着符合一定条件的失效元件应成为优先选取的对象。即失效概率大的失效元件优于失效概率小的失效元件。

假设具有 n 个元件的结构系统已有 $(p-1)$ 个失效元件 r_1，$r_2,\cdots,r_{p-1}$ 确定。但结构系统仍未失效，现要选取第 p 个失效元件 r_p。在该失效级(第 p 级)上，共有 $n-(p-1)$ 个候选元，即有 $n-(p-1)$ 个可选择的失效路径，每个失效路径发生的概率为：

$$P_{fr_p}=P(E_{r_1}\cap E_{r_2}\cap\cdots\cap E_{r_{p-1}}\cap E_{r_p})\quad r_p\in I_c \quad (7\text{-}1)$$

式中 E_{r_i}——元件 r_i 的失效事件；

I_c——第 p 失效级所保留元件的集合。

在第 p 失效上，被选取的失效元件应为：

$$r_p\in\max_{I_c}[P_{r_p}{}^{p}] \quad (7\text{-}2)$$

7.1.2.2 限界

如果不加任何限制，通过分枝可以把全部失效模式的失效路径列举出来。根据某种准则抛弃对结构系统失效概率贡献微不足道的次要失效模式所对应的失效路径，只保留主要失效模式对应的失效路径的一种运算，称为限界。

考虑第 l 个完全的失效路径的失效元件序列 $(r_1,r_2,\cdots,r_{p_q})$，若结构系统的失效概率为 P_{fs}，则当该失效模式发生的概率为 P_{fl} 并满足下列准则：

$$P_{fl}/P_{fs}\leqslant\delta \quad (7\text{-}3)$$

时，便认为该失效模式是次要失效模式而将其删除。δ 在此是一个指定的常数。当 $\delta=0$ 时，意味着保留所有的失效模式。P_{fl} 由下式决定：

$$P_{fl}=P(E_{r_1}\cap E_{r_2}\cap\cdots\cap E_{r_p}) \tag{7-4}$$

在判断主要失效模式过程当中，P_{fs} 是一个未知数，它可用先前生成的主要失效模式的失效概率来近似：

$$P_{fs}\approx\begin{cases}10^{-30} & m=1\\ \max\limits_{l=1}^{m}(P_{fl}) & m\geqslant 2\end{cases} \tag{7-5}$$

式中　m——失效模式的累加数。

除简单情况外，P_{fl} 的求解比较复杂，通常利用下述递推（上界）公式进行估计：

$$P_{fl}=P(E_{r_1}\cap E_{r_2}\cap\cdots\cap E_{r_p})\leqslant\min[P(E_{r_i}\cap E_{r_j})]$$
$$r_i\neq r_j\qquad r_i,r_j\in(r_1,r_2,\cdots,r_p) \tag{7-6}$$

或

$$P_{fl}=P(E_{r_1}\cap E_{r_2}\cap\cdots\cap E_{r_p})$$
$$\leqslant\min[P(E_{r_i})]\quad r_i\in(r_1,r_2,\cdots,r_p) \tag{7-7}$$

以上两式使限界计算大为简化，可以在较低的失效级上，即完全失效路径形成之前，就可以判定出次要失效模式并将其删除。

7.1.3　优化准则法

优化准则法是以工程准则法为基础的。所谓工程准则法，是一种采用承力比和承力比的变化率来确定主要失效模式的方法。其原理如下：

在确定结构系统中的一临界（失效）元件时，采用承力比作为判断准则。所谓承力比为：

$$a_{ij}=\frac{b_{ij}}{R_{ij}} \tag{7-8}$$

式中　b_{ij}——当第 j 个增量载荷为单位值时，在 i 元件中产生的内力，当元件受压时，b_{ij}采用绝对值；

R_{ij}——第 i 个元件的极限强度，下标 j 表示此时该元件有 j 个增量载荷(即 $S_1+S_2+\cdots+S_j$)作用。

由式 7-8 可知，a_{ij} 恒为正值。根据 a_{ij} 的大小，可判断出哪个元件是第一个临界元件。

在对应于增量载荷 S_1 以后的各个增量载荷 $S_2,\cdots,S_m$，可根据该次承力比与上一次承力比之比来决定，其定义为：

$$C_{ij}=\frac{a_{ij}}{a_{i,j-1}} \tag{7-9}$$

式中 C_{ij}——承力比之比。

根据 C_{ij} 的大小，可判断出第 j 个增量载荷时的临界元。

通常，对应于每一个增量载荷，除了最严重元外，其他次严重元(即在同一增量载荷级别时内力或应力值接近最严重元的元件)也应考虑；因为按准则法枚举临界元，是按均值计算对应的准则量之值的，故在考虑到随机性后，不能只取一个最严重元，还应该包括次严重元。在考虑取次严重元范围时，一般取与最严重元比较接近者。令：

$$a_{ijma}=\max(a_{ij}) \qquad (i=1,2,\cdots,n) \tag{7-10}$$

$$C_{ijma}=\max(C_{ij}) \qquad (j=2,\cdots,m) \tag{7-11}$$

$$\overline{a_{ij}}=a_{ij}/a_{ijma} \tag{7-12}$$

$$\overline{C_{ij}}=C_{ij}/C_{ijma} \tag{7-13}$$

式中，n 为失效元件总数。给定$\overline{a_{ij}}$和$\overline{C_{ij}}$的值，就可以选取相应增量载荷时的次严重元。

优化准则法是基于以下的物理概念：元件载荷和强度的大小由其均值而不是随机变量来确定，判断准则是哪个元件在外载荷均值作用下，载荷效应首先达到临界点(对于塑性元件，它是屈服强度 σ_s 的均值，对于脆性元件取其断裂强度 σ_b)。在某些增量载荷作用下，可得到最严重的临界元件和若干个次严重临界元件。优化准则法计算原理如下：

(1) 第一增量载荷作用下,最严重的临界元与次严重临界元的确定方法。

对于由 n 个元件组成的结构系统,第 i 个元件的内力与第一个增量载荷间的关系是:

$$F_{i1}=b_{i1}S_1 \qquad (i=1,\cdots,n) \tag{7-14}$$

式中 F_{i1}——对应于第一个增量载荷 S_1,在第 i 个元件产生的内力;

b_{i1}——S_1 为单位值时,在第 i 个元件产生的应力值(取绝对值)。

若认为任一元件都可达到临界状态,即元件的内力达到它们各自的极限强度,则:

$$F_{i1cr}=R_{i1} \qquad (i=1,\cdots,n) \tag{7-15}$$

式中 R_{i1}——第 i 个元件的极限强度,下标 1 表示此时在第一个增量载荷作用下。

F_{i1cr} 的下标 cr 的意思是当第一个增量载荷值增加到使第 i 个元件的应力值达到极限强度值时,在第 i 个元件上产生的内力,即此时第 i 个元件达到临界状态。将式 7-15 代入式 7-14,得:

$$F_{i1cr}=R_{i1}=b_{i1}S_{i1cr} \tag{7-16}$$

所以:

$$S_{i1cr}=\frac{R_{i1}}{b_{i1}}=1\Big/\left(\frac{b_{i1}}{R_{i1}}\right)=1/a_{i1} \quad (i=1,\cdots,n) \tag{7-17}$$

符号 S_{i1crm} 定义为:

$$S_{i1crm}=\min_{i=1,\cdots,n}(S_{i1cr}) \tag{7-18}$$

S_{i1cr} 的值越小,状态越临界。令 $\overline{S_{i1cr}}$ 表示 S_{i1cr} 对 S_{i1crm} 的比值,而常数 C_1 表示次严重元临界状态的选择范围,则:

$$\overline{S_{i1cr}}=S_{i1crm}/S_{i1cr} \tag{7-19}$$

$$1 \geqslant \overline{S_{i1cr}} \geqslant C_1 \tag{7-20}$$

式 7-20 表示，取$\overline{S_{i1cr}}=1$作为最严重临界状态，而$1\geqslant\overline{S_{i1cr}}\geqslant C_1$作为次严重临界状态，常数$C_1$根据实际工程需要来决定其值的大小。

(2) 多个增量载荷作用下，最严重临界元和次严重临界元的确定方法。

多个增量载荷的情况，类似于第二个载荷的情况。假设第一增量载荷作用下，第i个元件已达到临界状态，如果元件为塑性失效，则该元件不能再继续承受第二个增量载荷的作用；如元件为脆性失效，应作用一对力(其大小等于这个元件的临界载荷但方向相反)于连接在第一增量载荷作用下的脆性失效元件的节点上。令S_j表示第j增量载荷，则有：

$$F_{i2}=F_{i1}+b_{i2}S_2=b_{i1}S_1+b_{i2}S_2 \tag{7-21}$$

$$F_{ij} = F_{ij-1}+b_{ij}S_j = \sum_{k=1}^{j-1} b_{ik}S_k + b_{ij}S_j \tag{7-22}$$

式中 F_{ij}——第i个元件在增量载荷$S_1+S_2+\cdots+S_j$作用下产生的内力。

临界状态为：

$$F_{i2cr}=R_{i2} \tag{7-23}$$

或

$$F_{ijcr}=R_{ij} \tag{7-24}$$

式中 R_{ij}——第i个元件的极限强度，下标j表示此时有j个增量载荷作用，即$S_1+S_2+\cdots+S_j$。

将式 7-21 或式 7-22 代入式 7-23 或式 7-24，得：

$$S_{i2cr}=(R_{i2}-b_{i1}S_1)/b_{i2} \tag{7-25}$$

$$S_{ijcr} = \left(R_{ij} - \sum_{k=1}^{j-1} b_{ik}S_k\right)\Big/ b_{ij} \tag{7-26}$$

符号 S_{i2crm} 定义为：

$$S_{i2crm} = \min_{i=1,\cdots,n(\text{除第一个临界元件外})}(S_{i2cr}) \tag{7-27}$$

$$S_{ijcrm} = \min_{i=1,\cdots,n(\text{除前}j-1\text{个临界元件外})}(S_{ijcr}) \tag{7-28}$$

令

$$\overline{S_{ijcr}} = S_{ijcrm} / S_{ijcr} \quad (j=2,\cdots) \tag{7-29}$$

$$1 \geqslant \overline{S_{ijcr}} \geqslant C_j \qquad (j=2,\cdots) \tag{7-30}$$

常数 C_j 根据实际工程的需要决定。以此来确定各增量载荷级对应的次严重元件。

(3) 次要失效模式的删除。

在失效树中，对应结构系统的各个失效分枝(即失效模式)承载能力确定后，根据承载能力之比即可把次要失效模式删除。用 R_{Si} 表示第 i 个失效模式的承载能力，令：

$$R_{Simi} = \min_{i=1,\cdots,M}(R_{Si}) \tag{7-31}$$

式中 M——失效树的总枝数(即总的失效模式数)。

令

$$\overline{R_{Si}} = R_{Si} / R_{Simi} \tag{7-32}$$

取 K 为选取主要失效模式的上限，即 $\overline{R_{Si}} > K$ 的都作为一般的失效模式而删除。K 值与 M 值有关，当 M 值大时，K 值要略小一些。

综上所述，确定结构主要失效模式的方法主要分为两大类，第一类是 β-unzipping 法和分枝限界法，这两种方法统称为故障树分析方法 FTA，该方法借助于网络搜索技术识别结构系统的主要失效模式，并通过概率网络评估方法 PNET(probabilistic network evaluation technique)综合给出结构系统的失效概率。这一类方法遗漏主要失效模式的可能性小，但计算量非常大，因此只适用于中小型结构系统的可靠性分析。第二类是工程准则法和优化准则法，该方法可总称为概率型的极限状态分析法 PLSA。其原理是用增量载荷法中的元件的承力比与承力比之比的变化率确定主要失效模式，然后借助于可靠度的界限理论，由各主要失效模式的发生概率综合给出结构系统的失效概率。一般情况下，工程准则法应用简捷、方便、计算速度快；但漏掉主要失效模式的可能性比上一类大。而优化准则法能克服其不足，是目前用于大型复杂结构系统可靠性计算中比较理想的方法。

7.2 确定结构系统主要失效模式安全余量方程的方法

以上所介绍的安全余量的形成是结构系统在受全部载荷作用下得到的，也可以用增量载荷法来得到结构系统的安全余量。设一结构系统由 n 个元件组成（即包含有 n 个失效元件），结构系统受单一的外载荷 S 作用。增量载荷法形成失效模式安全余量的基本原理如下：

第一个增量载荷是让结构系统的外载荷从零增加至 S_1，用 S_1 表示第一个增量载荷；当外载荷增加至 S_1 时，结构系统出现第一个元件达到临界极限值（对于脆性元件，为断裂破坏；对于塑性元件，为达到屈服极限），在刚架钢结构系统中，即为出现第一个梁单元截面因塑性破坏而失效，这时其中一元件的应力等于材料的极限强度 σ_s，而其他元件的应力小于极限强度 σ_s。判断哪个元件先达到屈服极限值 σ_s，可根据元件的极限强度 σ_s 均值与元件应力均值的比值谁首先减至 1 而定。

第二个增量载荷 S_2 的确定：S_2 代表结构系统在原有外载荷 S_1 基础上再增加 $S_2, S_3, S_4, \cdots$ 含义与 S_2 相同。此时，总载荷为 S_1+S_2；当总载荷达到 S_1+S_2 时，结构系统出现第二个元件发生失效，也即在 S_1+S_2 作用下，这个元件的应力与屈服极限强度 σ_s 之比等于 1，其他元件的应力与屈服极限强度之比小于 1。这里，在计算增量载荷 S_1 作用下的元件的应力时，是以原结构系统所有元件未达到临界时计算的。在计算增量载荷 S_2 作用下元件的内力时，对于塑性元件，已达到临界的第一个元件此时内力为常数（即为材料的屈服极限值 σ_s），但讨论增量载荷 S_2 作用时，这个元件不能进一步受力，故相当于取消这第一个临界元（对于刚架结构，即为将该刚节点变为铰节点）；对于脆性元件，已达到临界的第一个元件此时内力为零，在计算增量载荷 S_2 作用下各元件的内力时，原来在 S_1 作用下该杆所受的内力 R_1 将移至其余结构件上（即第一个临界元件在 S_1 作用下所分配的内力将由其余未失效的构件来承受），故计算时，在取掉第一个临界元之后，除了外载荷 S_2 外，还应在第一个失效元件两端作用的节点上以大小等于 R_1、方向与原力方向相反的一对力（广义力）作用于结构上，以此来计算其余结构元件上的内力，这就是脆性元件失效时的内力转移问题。

继续增加增量载荷 $S_3, S_4, \cdots$，直至 S_m 引起结构系统破坏为止。

结构系统的强度为：

$$R_S = \sum_{i=1}^{m} S_i \tag{7-33}$$

若只有一个外载荷 S，则结构系统的安全余量为：

$$M = R_S - S \tag{7-34}$$

设法解出各 S_i，即可求得 R_S。

对于脆性状态的失效元件，当一失效模式所涉及的元件数 m 较大时，在求增量载荷 S_m 时，需要考虑前 $(m-1)$ 个已断裂的元件原来承受的内力的转移问题，故用增量载荷法求失效元件为脆性状态的结构系统的安全余量较复杂。而对于塑性状态的失效元件，用增量载荷法求结构系统的安全余量则不存在力的转移问题。但若用承受全部载荷的方法来求失效元件为塑性状态的结构系统的安全余量时，则存在力的转移问题。所以，对于大型结构系统，应根据材料的特性，选择合适的方法来计算系统的安全余量。

在以上讨论过程中，都假设结构系统只有一个集中力（或集中力矩），如果系统有一组 i 个外载荷作用，此时，可把任一个集中力外载荷取作典型外载荷 S_1，把其余集中力外载荷按原外载荷大小的比例关系，取作 $k_i S_1$（$i \in l, i \neq 1$），这里：

$$k_i=\frac{\mu_{S_i}}{\mu_{S_1}} \quad (i\in l, i\neq 1) \tag{7-35}$$

式中 μ_{S_i}、μ_{S_1}——分别为第 $i(i\in l, i\neq 1)$ 个外载荷与第 1 个外载荷的比值。

这样，把同时作用的一组外载荷视作一个广义载荷 S，故失效模式的安全余量方程仍可以表示为：

$$M = R_S - S = \sum_{i=1}^{n} C_i R_i - S \tag{7-36}$$

这时，在计算元件内力时，结构系统按作用有一组外载荷来计算。所以，同时作用的一组外载荷与只作用一个集中力相比，只影响式 7-36 中的系数 C_i。其余计算方法都一样。

还有一种特殊情况就是，在一组同时作用的外载荷当中，只有一个为随机变量，其符号用 S 表示，其他载荷为定值变量，用 P 表示。此时，公式应如下：

$$\begin{Bmatrix} R_1 \\ R_2 \\ \vdots \\ R_m \end{Bmatrix} = \begin{Bmatrix} a_{11} & 0 & \cdots & 0 \\ a_{21} & a_{22} & 0 & 0 \\ & \vdots & & \\ a_{m1} & a_{m2} & \cdots & a_{mm} \end{Bmatrix} \begin{Bmatrix} S_1 \\ S_2 \\ \vdots \\ S_m \end{Bmatrix} + \begin{Bmatrix} F_{12} \\ F_{22} \\ \vdots \\ F_{m2} \end{Bmatrix} P_2 + \cdots + \begin{Bmatrix} F_{1l} \\ F_{2l} \\ \vdots \\ F_{ml} \end{Bmatrix} P_l \tag{7-37}$$

式中 F_{ij}——$P_j(j=2,\cdots,l)$ 为单位值时，在元件 i 中产生的内力；

$a_{ij}(i,j=1,\cdots,m)$——当 S_j 为单位载荷时，在第 i 个元件中产生的内力。

式 7-37 也可改写为：

$$\overline{R}=\overline{\overline{A}}\overline{S}+\overline{F_2}P_2+\cdots+\overline{F_l}P_l \tag{7-38}$$

解$\overline{S}$得：

$$\overline{S}=\overline{\overline{A}}^{-1}\overline{R}-\overline{\overline{A}}^{-1}\overline{F_2}\,\overline{P_2}-\cdots-\overline{\overline{A}}^{-1}\overline{F_l}\,\overline{P_l} \tag{7-39}$$

因为 $R_S=\sum_{i=1}^{m}S_i$，所以有：

$$R_S=\sum_{i=1}^{m}C_iR_i-\sum_{k=2}^{l}D_kS_k \tag{7-40}$$

式中 R_S——只有一个随机变量时，对 S 的极限承载力。

因为 $D_k=\overline{\overline{A}}^{-1}\overline{F_k}$，所以安全余量方程为：

$$M=\sum_{i=1}^{m}C_iR_i-\sum_{k=2}^{l}D_kS_k-S \tag{7-41}$$

7.3 系统模式失效概率的计算方法

7.3.1 模式失效概率计算的一次二阶矩阵

在工程结构的可靠性分析和设计中，结构的可靠度是一个十分重要的概念。定义 R 为结构的广义抗力，S 为结构的广义载荷，则结构的安全余量方程（系统功能函数）可表示为：

$$M=R-S \tag{7-42}$$

先研究最简单的情况。假定 R 和 S 均为一维随机变量，且互相之间独立。设 R 和 S 的定义域分别为$[r_L,r_U]$和$[s_L,s_U]$，概率密度函数分别为 $f_R(r)$和 $f_S(s)$，则结构的失效概率 P_f 为：

$$\begin{aligned}P_f=P(M<0)&=\int_{s_L}^{s_U}\int_{r_L}^{r_U}f_R(r)\mathrm{d}rf_{\mathrm{S}}(s)\mathrm{d}s\\&=\int_{s_L}^{s_U}F_R(s)f_{\mathrm{S}}(s)\mathrm{d}s\end{aligned} \tag{7-43}$$

由上式可以发现，P_f通常不存在显式，需要通过数值模拟或数值计算的方式求得。

定义 X——$N(\mu,\sigma^2)$表示 X 服从均值为 μ、方差为 σ^2 的正态分布。进一步假设 R——$N(\mu_R,\sigma_R^2)$，S——$N(\mu_S,\sigma_S^2)$，进行坐标变

换得：

$$\begin{cases} Z_1=\dfrac{R-\mu_R}{\sigma_R} \\ Z_2=\dfrac{S-\mu_S}{\sigma_S} \end{cases} \tag{7-44}$$

可以证明，Z_1——$N(0,1)$，Z_2——$N(0,1)$，且 Z_1 和 Z_2 相互独立。

将式 7-44 代入式 7-42 得：

$$M=R-S=(\mu_R-\mu_S)+(\sigma_R Z_1-\sigma_S Z_2) \tag{7-45}$$

因此：

$$\begin{cases} \mu_M=\mu_R-\mu_S \\ \sigma_M^2=\sigma_R^2+\sigma_S^2 \end{cases} \tag{7-46}$$

由正态分布的可加性原理可以推知：

$$M=(R-S)——N(\mu_M,\sigma_M^2) \tag{7-47}$$

因此：

$$P_f=(M<0)=\Phi\left(-\frac{\mu_M}{\sigma_M}\right)=\Phi(-\beta) \tag{7-48}$$

其中，Φ 表示标准正态分布的累积分布函数，$\beta=\dfrac{\mu_M}{\sigma_M}$定义为结构的可靠度指标。

以上关系进一步推广为：若结构的安全余量方程 M 可表示成 n 维标准随机变量 Z_i 的线性组合 $M=a_0+\sum\limits_{i=1}^{n}a_iZ_i$，则按 $\beta=\dfrac{\mu_M}{\sigma_M}$ 计算得到的结构失效概率 $P_f=\Phi(-\beta)$是准确的。其中，$\mu_M=a_0$，$\sigma_M=\sqrt{\sum\limits_{i=1}^{n}a_i^2+2\sum\limits_{i=1}^{n}\sum\limits_{j=i+1}^{n}\rho_{ij}a_ia_j}$，$\rho_{ij}$ 为随机变量 Z_i 和 Z_j 间的相关系数。

Cornell将结构的可靠度指数β定义为$\beta=\frac{\mu_M}{\sigma_M}$，后来这种定义方式也被扩展到了非线性安全余量方程的场合。

设失效模式k的安全余量方程为：

$$M=g(\overline{X}) \tag{7-49}$$

其中，$\overline{X}=(X_1,X_2,\cdots,X_n)$为随机变量矢量。

将$g(\overline{X})$在特定点$\overline{x}^*$处按Taylor级数展开，仅保留1阶项，得

$$g(\overline{X})=g(\overline{x}^*)+\sum_{i=1}^{n}(X_i-\mu_i^*)\left(\frac{\partial g}{\partial X_i}\right)_* \tag{7-50}$$

其中，$()_*$表示在特定点$\overline{x}^*$处取值。

当$\overline{x}^*$为均值点$\overline{\mu}^*$时，有

$$\begin{cases}\mu_g=g(\overline{\mu^*})+\sum\limits_{i=1}^{n}(X_i-\mu_i^*)\left(\dfrac{\partial g}{\partial X_i}\right)_* \\ \sigma_g=\sum\limits_{i=1}^{n}\sum\limits_{j=1}^{n}\left(\dfrac{\partial g}{\partial X_i}\dfrac{\partial g}{\partial X_j}\right)_*\sigma_{X_i}\sigma_{X_j}\rho_{ij}\end{cases} \tag{7-51}$$

式中 σ_{X_i}——随机变量X_i的标准差；

ρ_{ij}——随机变量X_i和X_j之间的相关系数。

由于标准的Cornell方法是将安全余量方程在均值点$\overline{\mu}^*$处作线性展开，并且仅利用了随机变量$\overline{X}$的一阶和二阶矩信息，因此被称为一次二阶矩法(First Order Second Moment，FOSM)。

7.3.2 模式失效概率计算的改进的一次二阶矩法

假定$\overline{X}$的各分量统计无关，从式7-50和式7-51可以看出，Concell的可靠度指数$\beta=\frac{\mu_M}{\sigma_M}$的取值依赖于特定展开点$\overline{x}^*$的选择。鉴于此，Hasofer和Lind建议根据临界破坏面而不是安全余量方程定义失效模式的可靠度指数β。对于同一物理问题，根据H-L算法计算得到的可靠度指数β，不会由于不同形式的等价安全余量方程而发生变化。H-L算法的计算程序为：

将随机变量 X_i 进行正则化处理，即

$$Z_i=\frac{X_i-\mu_i}{\sigma_i} \tag{7-52}$$

在 n 维正则化空间 $\overline{Z}=(Z_1,Z_2,\cdots,Z_n)$ 中，失效模式 k 的安全余量方程为 $g(\overline{Z})=0$，相应的可靠度指数 β 定义为：

$$\begin{cases}\beta=\min\sqrt{\sum\limits_{i=1}^{n}Z_i^2}\\ g(\overline{Z})=0\end{cases} \tag{7-53}$$

从几何上看（图 7-3），β 是 n 维正则化空间中坐标原点到临界破坏面 $g(\overline{Z})=0$ 的最短距离。满足式 7-53 的正则化矢量 $\overline{Z}^*=(Z_1^*,Z_2^*,\cdots,Z_n^*)$ 定义为设计点。在原始坐标中，设计点为 $\overline{x}^*$。

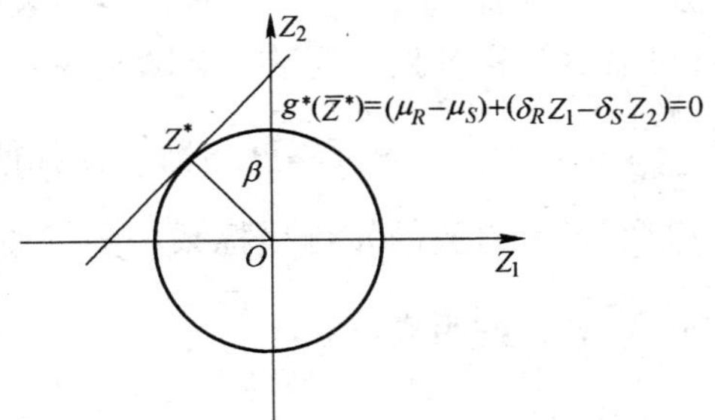

图 7-3 可靠度指数 β 的几何意义

从式 7-53 可以看出，对于同一物理问题，根据 H-L 算法得到的可靠度指数 β 不会由于选择不同形式的等价安全余量方程而发生变化的原因时，等价安全余量方程在临界破坏面 $g(\overline{Z})=0$ 上是完全等价的。

从几何上看，设计点 $\overline{Z}^*=(Z_1^*,Z_2^*,\cdots,Z_n^*)$ 是半径为 $\beta=\sqrt{\sum\limits_{i=1}^{n}Z_i^2}$ 的球面和临界破坏面 $g(\overline{Z})=0$ 的切点。定义 $g^*(\overline{Z}^*)=0$ 为过设计点 $\overline{Z}^*=(Z_1^*,Z_2^*,\cdots,Z_n^*)$ 的临界破坏面 $g(\overline{Z})=0$ 的切

平面，则 $g^*(\overline{Z}^*)=0$ 是半径为 $\beta=\sqrt{\sum_{i=1}^{n} Z_i^2}$ 的球面临界破坏面 $g(\overline{Z})=0$的公共切平面，β 等于坐标原点到切平面的距离。当临界破坏面 $g(\overline{Z})=0$ 为线性破坏面时，切平面 $g^*(\overline{Z}^*)=0$ 和临界破坏面 $g(\overline{Z})=0$ 合二为一。以两变量的情况为例，在正则化坐标系(Z_1,Z_2)中，根据式 7-45 可计算坐标原点到临界破坏面的切平面 $g^*(\overline{Z}^*)=(\mu_R-\mu_S)+(\sigma_R Z_1-\sigma_S Z_2)=0$ 的距离 OZ^*（图 7-3)为：

$$OZ^*=\frac{\mu_E-\mu_S}{\sqrt{\sigma_R^2+\sigma_S^2}} \tag{7-54}$$

对比式 7-45、式 7-48 和式 7-49 不难看出，$\beta=OZ^*$。$\beta=OZ^*$ 的结论可以推广到任意有限维的场合，具体内容可表述为：若结构的功能函数 M 可表示为 n 维独立标准正态随机变量 Z_i 的线性组合 $M=a_0+\sum_{i=1}^{n} a_i Z_i$，则结构的可靠度指数 β 在数值上等于由 n 维独立标准随机变量 Z_i 组成的 n 维坐标系中坐标原点到切平面 $g^*(\overline{Z}^*)=a_0+\sum_{i=1}^{n} a_i Z_i$ 的距离，即

$$OZ^*=\frac{a_0}{\sqrt{\sum_{i=1}^{n} a_i^2}} \tag{7-55}$$

Shinozuka 认为设计点$\overline{x}^*$ 为最可几失效点(MPP)，他的观点目前被广泛引用。事实上，最可几失效点$\overline{x}^*$ 是应满足方程式 7-56 的点：

$$\begin{cases} f_{\overline{X}}(\overline{x}^*)=\max f_{\overline{x}}(\overline{x}) \\ g(\overline{x}^*)=0 \end{cases} \tag{7-56}$$

当且仅当$\overline{X}$的所有分量 X_i 均服从正态分布且统计无关时，目前流行的按 H-L 算法求解的方式等价于式 7-57，即设计点$\overline{x}^*$ 和临界破坏面上的最可几失效点合二为一，即

$$\begin{cases} f_{\overline{X}}(\overline{x}^*) = \max f_{\overline{x}}(\overline{x}) \\ g(\overline{x}^*) = 0 \end{cases} \tag{7-57}$$

7.3.3 非正态随机变量矢量的正态化和当量正态化方法

若定义随机变量矢量$\overline{X}$的联合概率密度函数为 $f_{\overline{x}}(\overline{x})$，则系统失效概率 P_f为：

$$P_f = \int_{\Omega_f} \cdots \int f_{\overline{x}}(\overline{x}) \mathrm{d}x \tag{7-58}$$

式中 Ω_f——失效域。

对于复杂的概率问题，式 7-58 中的 P_f 通常不存在解析描述。在本节的以上各方面中，在假定$\overline{X}$为正态随机矢量的前提下，提供了 P_f 的近似计算方法。下面讨论解决$\overline{X}$为非正态随机变量时，P_f 的近似计算问题。

Rosenblatt 证明：任意非正态随机矢量$\overline{X}$，理论上都可以通过 Rosenblatt 变换，转化为线性无关的标准正态随机矢量。显然，经过变量转换之后，P_f 可采用 H-L 算法进行近似计算。因此，有必要简要地介绍一下 Rosenblatt 变换的相关内容。

设 n 维随机矢量$\overline{X}$的联合累积分布函数(CDF)为 $F_{\overline{X}}(\overline{X})$，则 n 维标准正态线性无关随机矢量$\overline{Z}$可通过以下方式得到：

$$\begin{cases} \Phi(z_1) = F_1(x_1) \\ \Phi(z_2) = F_2(x_2 \mid x_3) \\ \quad \vdots \qquad \vdots \\ \Phi(z_n) = F_n(x_n \mid x_1, x_2, \cdots, x_n) \end{cases} \tag{7-59}$$

按顺序方式反求以上方程，可获得所要求的 n 维标准正态线性无关随机矢量$\overline{Z}$：

$$\begin{cases} z_1 = \Phi^{-1}[F_1(x_1)] \\ z_2 = \Phi^{-1}[F_2(x_2 \mid x_1)] \\ \vdots \qquad \vdots \\ z_n = \Phi^{-1}[F_n(x_n \mid x_1, x_2, \cdots, x_{n-1})] \end{cases} \tag{7-60}$$

式 7-60 称为 Rosenblatt 变换(RT)。

式 7-60 中的条件 CDF 可通过联合密度函数(PDF)按以下方式得到。因为：

$$f(x_i|x_1,x_2,\cdots,x_{i-1})=\frac{f(x_1,x_2,\cdots,x_i)}{f(x_1,x_2,\cdots,x_{i-1})} \tag{7-61}$$

所以,条件 CDF 可通过下式进行计算：

$$F_i(x_i \mid x_1,x_2,\cdots,x_{i-1})=\frac{\int_{\infty}^{x_i} f(x_1,x_2,\cdots,x_{i-1},s)\mathrm{d}s}{f(x_1,x_2,\cdots,x_{n-1})} \tag{7-62}$$

式 7-59 的逆变换可通过按顺序方式反求式 7-59 得到：

$$\begin{cases} x_1=F_1^{-1}[\Phi(z_1)] \\ x_2=F_2^{-1}[\Phi(z_2|x_1)] \\ \vdots \\ x_n=F_n^{-1}[\Phi(z_n|x_1,x_2,\cdots,x_{n-1})] \end{cases} \tag{7-63}$$

一般说来,这些逆变换通常需采用数值计算方法进行。

除计算误差之外,Rosenblatt 变换在理论上是严格的。因此,称由$\overline{X}$采用 Rosenblatt 变换到$\overline{Z}$的过程为严格正态化过程,相应的方法为严格正态化方法,简称正态化方法(NDA)。基于 Rosenblatt 变换的可靠度指数 β 计算方法在一些文献中也被称为映射变换法。

7.3.4 相关随机矢量条件下可靠度指数的计算方法

当随机矢量$\overline{X}=(X_1,X_2,\cdots,X_n)^T$ 的各分量为相关正态随机变量时,需进行以下操作:(1)采用线性变换将$\overline{X}=(X_1,X_2,\cdots,X_n)^T$ 转换为线性无关的正态随机矢量$\overline{Y}=(Y_1,Y_2,\cdots,Y_n)^T$;(2)对正态随机变量$\overline{Y}=(Y_1,Y_2,\cdots,Y_n)^T$ 进行正则化变换,变成线性无关的标准正态随机矢量$\overline{Z}=(Z_1,Z_2,\cdots,Z_n)^T$;(3)采用 H-L 算法计算失效模式的可靠度指数 β。

扩展后的 H-L 算法可描述为：设原始随机矢量$\overline{X}=(X_1,X_2,\cdots,X_n)^T$ 的协方差矩阵为：

$$\overline{\overline{C_x}}=\begin{bmatrix}\sigma_{X_1}^2 & Cov(X_1,X_2) & Cov(X_1,X_3) & \cdots & Cov(X_1,X_n)\\ Cov(X_2,X_1) & \sigma_{X_2}^2 & Cov(X_2,X_3) & \cdots & Cov(X_2,X_n)\\ \vdots & \vdots & \vdots & \ddots & \vdots\\ Cov(X_n,X_1) & Cov(X_n,X_2) & Cov(X_n,X_3) & \cdots & \sigma_{X_n}^2\end{bmatrix} \tag{7-64}$$

由线性代数的理论知，矩阵$\overline{\overline{C_x}}$可通过下式的线性变换变成对角矩阵：

$$\overline{Y}=\overline{\overline{A}}\overline{X} \tag{7-65}$$

其中，$\overline{\overline{A}}$是一个正交矩阵，它的列向量等于矩阵$\overline{\overline{C_x}}$的特征向量。对角矩阵$\overline{\overline{C_y}}$由下式计算：

$$\overline{\overline{C_y}}=\overline{\overline{A}}\,\overline{\overline{C_x}}\,\overline{\overline{A}}^T=diag(\sigma_{Y_1}^2,\sigma_{Y_2}^2,\cdots,\sigma_{Y_n}^2) \tag{7-66}$$

其中，对角矩阵$\overline{\overline{C_y}}$的对角元素 $\sigma_{Y_i}^2$ 等于矩阵$\overline{\overline{C_x}}$的第 i 个特征值。

由式 7-65 可得：

$$E(\overline{Y})=\overline{\overline{A}}E(\overline{X}) \tag{7-67}$$

因此：

$$\overline{Z}=\overline{\overline{C_y}}^{-1/2}(\overline{Y}-E(\overline{Y})) \tag{7-68}$$

将式 7-65～式 7-67 代入式 7-68 得：

$$\overline{Z}=[\overline{\overline{A}}\,\overline{\overline{C_x}}\,\overline{\overline{A}}^T]^{-1/2}\overline{\overline{A}}(\overline{X}-E(\overline{X})) \tag{7-69}$$

由式 7-69 可得：

$$\overline{X}=E(\overline{X})+\overline{\overline{A}}^T[\overline{\overline{A}}\,\overline{\overline{C_x}}\,\overline{\overline{A}}^T]^{1/2}\overline{Z} \tag{7-70}$$

将式 7-70 代入式 $g_{\overline{X}}(\overline{X})=0$ 得：

$$g_{\overline{Z}}(\overline{Z})=0 \tag{7-71}$$

因此,式 7-71 已变成可直接使用 H-L 算法的形式。

当随机矢量$\overline{X}=(X_1,X_2,\cdots,X_n)^T$ 的分量中含有相关非正态随机变量时,需要进行以下操作:(1)对非正态随机变量进行 R-F 变换,形成新的当量正态随机矢量$\overline{X^*}=(X_1^*,X_2^*,\cdots,X_n^*)^T$;(2)对当量正态随机矢量$\overline{X^*}=(X_1^*,X_2^*,\cdots,X_n^*)^T$ 进行正则化变换,形成新的随机矢量$\overline{Y^*}=(Y_1^*,Y_2^*,\cdots,Y_n^*)^T$;(3) 采用线性变换将$\overline{Y^*}=(Y_1^*,Y_2^*,\cdots,Y_n^*)^T$ 转换为线性无关的正态随机矢量$\overline{Y}=(Y_1,Y_2,\cdots,Y_n)^T$;(4)对正态随机矢量$\overline{Y}=(Y_1,Y_2,\cdots,Y_n)^T$ 进行正则化变换,变成线性无关的标准正态随机矢量$\overline{Z}=(Z_1,Z_2,\cdots,Z_n)^T$;(5)采用 H-L 算法计算失效模式的可靠度指数 β。

扩展后的 R-F 算法可描述为:设当量正态随机矢量$\overline{X}^*=(X_1^*,X_2^*,\cdots,X_n^*)^T$的协方差矩阵为:

$$\overline{\overline{C_{\bar{x}^*}}}=$$

$$\begin{bmatrix} \sigma_{X_1^*}^2 & Cov(X_1^*,X_2^*) & Cov(X_1^*,X_3^*) & \cdots & Cov(X_1^*,X_n^*) \\ Cov(X_2^*,X_1^*) & \sigma_{X_2^*}^2 & Cov(X_2^*,X_3^*) & \cdots & Cov(X_2^*,X_n^*) \\ \vdots & \vdots & \vdots & \ddots & \vdots \\ Cov(X_n^*,X_1^*) & Cov(X_n^*,X_2^*) & Cov(X_n^*,X_3^*) & \cdots & \sigma_{X_n^*}^2 \end{bmatrix} \tag{7-72}$$

定义:

$$\begin{cases} \overline{Y}^*=\overline{\overline{D}}_{\bar{x}}^{-1}(\overline{X}^*-E(\overline{X}^*)) \\ \overline{\overline{D}}_{\bar{x}^*}=diag(\sigma_{X_1}^*,\sigma_{X_2}^*,\cdots,\sigma_{X_n}^*) \end{cases} \tag{7-73}$$

则有:

$$\overline{\overline{C}}_{\bar{y}^*}=\begin{bmatrix} 1 & \rho_{X_1^*,X_2^*} & \rho_{X_1^8,X_3^*} & \cdots & \rho_{X_1^8,X_n^*} \\ \rho_{X_2^8,X_1^*} & 1 & \rho_{X_2^*,X_3^*} & \cdots & \rho_{X_2^*,X_N^8} \\ \vdots & \vdots & \vdots & \ddots & \vdots \\ \rho_{X_n^*,X_1^*} & \rho_{X_n^*,X_2^*} & \rho_{X_n^8,X_3^N} & \cdots & 1 \end{bmatrix} \tag{7-74}$$

由线性代数理论知，矩阵$\overline{\overline{\rho}}_{\overline{x}^*}$可通过式 7-75 的线性变换变成对角矩阵：

$$\overline{Y}=\overline{\overline{B}}^*\overline{Y}^* \tag{7-75}$$

其中，$\overline{\overline{B}}^*$是一个正交矩阵，它的列向量等于矩阵$\overline{\overline{\rho}}_{\overline{x}^*}$的特征向量。对角矩阵$\overline{\overline{C_{\overline{y}}}}$由下式计算：

$$\overline{\overline{C_{\overline{y}}}}=\overline{\overline{B}}^*\overline{\overline{C_{\overline{y}^{*8}}}}(\overline{\overline{B}}^*)^T=diag(\sigma_{y_1}^2,\sigma_{y_2}^2,\cdots,\sigma_{y_N}^2) \tag{7-76}$$

其中，对角矩阵$\overline{\overline{C_{\overline{y}}}}$的对角元素$\sigma_{Y_i}^2$等于矩阵$\overline{\overline{\rho}}_{\overline{x}^*}$的第 i 个特征值。

由式 7-75 可得：

$$E(\overline{Y})=\overline{\overline{B}}^*E(\overline{Y}^*) \tag{7-77}$$

因此：

$$\overline{Z}=\overline{\overline{C}}_{\overline{y}}^{-1/2}(\overline{Y}-E(\overline{Y})) \tag{7-78}$$

将式 7-73～式 7-77 代入式 7-78 得：

$$\overline{Z}=[\overline{\overline{B}}^*\overline{\overline{\rho}}_{\overline{x}^*}(\overline{\overline{B}}^*)^T]^{-1/2}\overline{\overline{B}}^*\overline{\overline{D}}_{\overline{x}^*}^{-1}(\overline{X}^*-E(\overline{X}^*)) \tag{7-79}$$

由式 7-79 可得：

$$\overline{X}^*=E(\overline{X}^*)+\overline{\overline{D}}_{\overline{x}^*}(\overline{\overline{B}}^*)^T[\overline{\overline{B}}^*\overline{\overline{\rho}}_{\overline{x}^8}(\overline{\overline{B}}^*)^T]^{1/2}\overline{Z} \tag{7-80}$$

将式 7-80 代入 $g_{\overline{X}}(\overline{X}^*)=0$ 得：

$$g_{\overline{Z}}(\overline{Z})=0 \tag{7-81}$$

因此，式 7-80 已变成可直接使用 H-L 算法的形式。

7.4 系统综合失效概率计算的理论与方法

上一节系统分析和阐述了由任意分布的随机矢量构成的线性或非线性安全余量方程（功能函数）的模式失效概率的计算理论与方法。为避免内容重复，本节假设各失效模式的安全余量方程已转化成标准正态随机变量组成的线性函数，在此基础上，研究由模式失效概率和模式间的相关关系计算系统综合失效概率或其上下界的理论与方法。

7.4.1 系统失效事件和系统失效概率的表示方法

为使以后的论述更加简洁，采用布尔代数的形式体系。定义 S_E 和 $S_{\overline{E}}$ 分别为由事件 e 发生的状态和不发生的状态所构成的集合，则事件 e 当前所处状态的取值规律为：

$$\mathrm{e}=\begin{cases}1 & (e\in S_E)\\ 0 & (e\in S_{\overline{E}})\end{cases} \tag{7-82}$$

设系统由 $m_1,m_2,\cdots,m_i,\cdots,m_n$ 共 n 个失效模式组成，第 i 个失效模式发生的事件表示为 E_i，系统失效事件表示为 E_{fs}。进一步假设第 i 个失效模式由 $\Theta_i^{(1)},\Theta_i^{(2)},\cdots,\Theta_i^{(k)},\cdots,\Theta_i^{(q_i)}$ 共 q_i 个相继发生失效状态组成，第 i 个失效模式的第 k 个失效状态发生的事件表示为 $E_i^{(k)}$，则系统失效这一事件可表示为：

$$\begin{cases}E_{fs}=\bigcup\limits_{i=1}^{n}E_i\\ E_i=\bigcap\limits_{k=1}^{q_i}E_i^{(k)}\end{cases} \tag{7-83}$$

按照式 7-82 的定义，式 7-83 的布尔代数形式表示为：

$$\begin{cases}e_{fs}=1-\prod\limits_{i=1}^{n}(1-e_i)\\ e_i=\prod\limits_{k=1}^{q_i}e_i^{(k)}\end{cases} \tag{7-84}$$

系统失效概率 P_{fs} 可表示为：

$$P_{fs}=P(e_{fs}=1) \tag{7-85}$$

由式 7-85 可以看出，P_{fs} 的计算最终归结为串并联混合模式的失效概率计算问题。

7.4.2 串并联混合模式的失效概率计算的理论与方法

在式 7-84 中，由于：

$$
\begin{cases}
1-\prod_{i=1}^{n}(1-e_i) = 1-\prod_{i=1}^{n-1}(1-e_i)+e_n\prod_{i=1}^{n-1}(1-e_i) \\
\quad = 1-\prod_{i=1}^{n-2}(1-e_i)+e_{n-1}\prod_{i=1}^{n-2}(1-e_i)+ \\
\quad e_n\prod_{i=1}^{n-1}(1-e_i) \\
\quad = \cdots \\
\quad = e_1+e_2(1-e_1)+\cdots+ \\
\quad e_{n-1}\prod_{i=1}^{n-2}(1-e_i)+e_n\prod_{i=1}^{n-1}(1-e_i)
\end{cases}
\tag{7-86}
$$

显然，式 7-86 中的任意两项所包含的事件均为不相容事件，因此：

$$
P_{fs} = P[e_1]+P[e_2(1-e_1)]+\cdots+P\left[e_{n-1}\prod_{i=1}^{n-2}(1-e_i)\right]+ P\left[e_n\prod_{i=1}^{n-1}(1-e_i)\right] \tag{7-87}
$$

由于：

$$
\begin{cases}
\prod_{i=1}^{s}(1-e_i) = \prod_{i=1}^{s-1}(1-e_i)+e_s\prod_{i=1}^{s-1}(1-e_i) \\
\quad = \prod_{i=1}^{s-2}(1-e_i)-e_{s-1}\prod_{i=1}^{s-2}(1-e_i)-e_s\prod_{i=1}^{n-1}(1-e_i) \\
\quad = \cdots \\
\quad = 1-e_1-e_2(1-e_1)-\cdots- \\
\quad e_{s-1}\prod_{i=1}^{s-2}(1-e_i)-e_s\prod_{i=1}^{s-1}(1-e_i)
\end{cases}
\tag{7-88}
$$

由式 7-88 知：

$$
1-\sum_{i=1}^{s}e_i \leqslant \prod_{i=1}^{s-1}(1-e_i) \leqslant (1-e_j) \quad (j \leqslant s, s \in [1,2,\cdots,n]) \tag{7-89}
$$

$$1-\sum_{i=1}^{s}e_i+\sum_{k=2,j<k}^{s}e_je_k\leqslant\prod_{i=1}^{s}(1-e_i)$$
$$\leqslant(1-e_j)(1-e_k)\quad(j<k\leqslant s,s\in[1,2,\cdots,n])\tag{7-90}$$

由式 7-87 和式 7-89 可以证明：

$$\begin{cases}P_{fs}\leqslant\sum_{i=1}^{n}P[e_i=1]-\sum_{i=2}^{n}\max_{j<i}P[e_i=1\cap e_j=1]\\P_{fs}\leqslant P[e_1=1]+\sum_{i=2}^{n}\max\Big\{(P[e_i=1]-\\\qquad\sum_{j=1}^{i-1}P[e_i=1\cap e_j=1]);0\Big\}\end{cases}\tag{7-91}$$

式 7-91 是目前称为 Ditlevsen 上下界(2 阶上下界)的一种变形形式,Kounais 也曾给出过略微不同的表示形式。

定义：

$$\begin{cases}P_i=P[e_i=1]\\P_{ij}=P[e_i=1\cap e_j=1]\\P_{ijk}=P[e_i=1\cap e_j=1\cap e_k=1]\end{cases}\tag{7-92}$$

由式 7-87 和式 7-90 可以证明：

$$\begin{cases}P_{fs}\leqslant P_1+P_2-P_{12}+\sum_{i=3}^{n}\{P_i-\max_{k\in(2,3,\cdots,i-1),j<k}\\\qquad[P_{ij}+P_{ik}-P_{ijk}]\}\\P_{fs}\geqslant P_1+P_2-P_{12}+\sum_{i=3}^{n}\max\\\qquad\Big\{P_i-\sum_{j=1}^{i-1}P_{ij}+\max_{k\in(2,3,\cdots,i-1),j<k}\sum_{j=1}^{i-1}P_{ijk};0\Big\}\end{cases}\tag{7-93}$$

式 7-93 为 3 阶失效概率上下界。显然,如果需要,可以采用类似的方式,建立任意有限阶失效概率的上下界计算公式。研究表明,2 阶和 2 阶以上失效概率上下界的宽度依赖于失效模式的排序结果。通常,按 $P(e_1=1) \geqslant P(e_2=1) \geqslant \cdots \geqslant P(e_n=1)$ 的顺序排列失效模式。

由于:

$$\begin{cases} P_i = P[e_i = 1] = P\Big[\prod_{l=1}^{q_i} e_i^l\Big] \\ P_{ij} = P[e_1 = 1 \cap e_j = 1] = P\Big[\Big(\prod_{l=1}^{q_i} e_i^l\Big)\Big(\prod_{l=1}^{q_j} e_j^l\Big) = 1\Big] \\ P_{ijk} = P[e_1 = 1 \cap e_j = 1 \cap e_k = 1] \\ \quad = P\Big[\Big(\prod_{l=1}^{q_i} e_i^l\Big)\Big(\prod_{l=1}^{q_j} e_j^l\Big)\Big(\prod_{l=1}^{q_k} e_k^l\Big)\Big] \end{cases} \tag{7-94}$$

式 7-94 的计算可归结为以下联合失效概率的计算问题:

$$P_{f_{\Sigma}} = P\Big(\prod_{k=1}^{m} e_{\Sigma}^{(k)} = 1\Big) \tag{7-95}$$

其中,$e_{\Sigma}^{(k)}$ 中的下标 Σ 表示事件 e_{Σ} 为合成事件,合成方式由式 7-92 定义。因此,式 7-91 和式 7-93 的使用还必须解决式 7-95 定义的联合失效概率的计算。

设失效状态 $\Theta_i^{(k)}$ 所对应的安全余量方程为:

$$\begin{cases} g_k = a_{k0} + a_{k1} Z_1 + a_{k2} Z_2 + \cdots + a_{kl} Z_l = a_{k0} + a_k^T \overline{Z} \\ a_k = (a_{k1}, a_{k2}, \cdots, a_{kl}) \\ \overline{Z} = (Z_1, Z_2, \cdots, Z_l) \end{cases} \tag{7-96}$$

定义:

$$\begin{cases} \beta_k = \dfrac{\mu_{gk}}{\sigma_{gk}} = \dfrac{\alpha_{k0}}{\sigma_{gk}} \\ \overline{\alpha_k} = \dfrac{\alpha_k}{\sigma_{gk}} \\ \sigma_{gk} = \sqrt{\alpha_k^T \alpha_k} \end{cases} \tag{7-97}$$

则失效状态 $\Theta_i^{(k)}$ 所对应的安全余量方程可改写为等价形式，即

$$g_k=\beta_k+\overline{\alpha_k^T Z} \tag{7-98}$$

因此，式 7-95 也可表示为：

$$P_{fi}=P\left(\bigcap_{k=1}^{m}(\overline{\alpha}_k^T\,\overline{Z}\leqslant-\beta_k)\right) \tag{7-99}$$

定义 m 维标准正态分布的累计分布函数为 $\Phi_m(\overline{x},\overline{\overline{\rho}})$，则式 7-99可表示为：

$$P_{f_i}=\Phi_m(\overline{x},\overline{\overline{\rho}}) \tag{7-100}$$

其中：

$$\begin{cases}\overline{\beta}=(-\beta_1,-\beta_2,\cdots,-\beta_m)\\ [\overline{\overline{\rho}}]_{kj}=\overline{\alpha}_k^T\,\overline{\alpha}_j\end{cases} \tag{7-101}$$

为以后讨论的方便，定义广义可靠度指数 $\beta^e=-\Phi^{-1}[\Phi_m(\overline{x},\overline{\overline{\rho}})]$。

当 $m=2$ 时有：

$$\Phi_2(-\beta_1,-\beta_2,\rho_{12})=\int_{-\infty}^{-\beta_1}\int_{-\infty}^{-\beta_2}\phi_2(t_1,t_2,\rho_{12})\mathrm{d}t_1\mathrm{d}t_2 \tag{7-102}$$

其中：

$$\phi_2(t_1,t_2,\rho_{12})=\frac{1}{\sqrt{2\pi(1-\rho_{12}^2)}}\exp\left(-\frac{1}{2(1-\rho_{12}^2)}(t_1^2+t_2^2+2\rho_{12}t_1t_2)\right) \tag{7-103}$$

由式 7-102 知：

$$\frac{\partial^2\Phi_2(-\beta_1,-\beta_2,\rho_{12})}{\partial(-\beta_1)\partial(-\beta_2)}=\frac{\partial\Phi_2(-\beta_1,-\beta_2,\rho_{12})}{\partial\rho_{12}} \tag{7-104}$$

因此：

$$\begin{cases}\Phi_2(-\beta_1,-\beta_2,\rho_{12})=\Phi_2(-\beta_1,-\beta_2,0)+\\ \qquad\int_0^{\rho_{12}}\dfrac{\partial\Phi_2(-\beta_1,-\beta_2,t)}{\partial t}\Big|_{t=y}\mathrm{d}y\\ \qquad=\Phi_2(-\beta_1,-\beta_2,0)+\\ \qquad\int_0^{\rho_{12}}\Phi_2(-\beta_1,-\beta_2,y)\mathrm{d}y\end{cases} \tag{7-105}$$

早期研究工作中，基于几何原理 Ditlevsen 提出过一种近似计算 P_{ij} 的方法。

Ditlevsen 证明：

$$\begin{cases} \max[P_A, P_B] \leqslant P_{ij} \leqslant P_A + P_B & (\rho_{ij} > 0) \\ 0 \leqslant P_{ij} \leqslant \min[P_A, P_B] & (\rho_{ij} \leqslant 0) \end{cases} \tag{7-106}$$

其中：

$$\begin{cases} P_A = \Phi[-\beta_i]\Phi\left[-\dfrac{\beta_j - \rho_{ij}\beta_i}{\sqrt{1-\rho_{ij}^2}}\right] \\ P_B = \Phi[-\beta_j]\Phi\left[-\dfrac{\beta_i - \rho_{ij}\beta_j}{\sqrt{1-\rho_{ij}^2}}\right] \end{cases} \tag{7-107}$$

ρ_{ij} 为失效模式 i 与失效模式 j 的相关系数，其值为：

$$\rho_{ij} = \frac{Cov[g_i, g_j]}{\sqrt{Var[g_i]Var[g_j]}} = \frac{\overline{\alpha}_i^T \overline{\alpha}_j}{\sqrt{\overline{\alpha}_i^T \overline{\alpha}_i}\sqrt{\overline{\alpha}_j^T \overline{\alpha}_j}} = \cos\theta \tag{7-108}$$

式中 θ——由 $\overline{Z}=(Z_1, Z_2, \cdots, Z_l)^T$ 形成的一维线性空间中超平面 $g_i=0$ 和 $g_j=0$ 之间以弧度为计量单位的夹角。

当 $\rho_{ij}>0$ 时，Thoft-Christensen 和 Murotsu 建议采用以下近似公式计算 P_{ij}：

$$P_{ij} \approx \frac{1}{2}(\max[P_A, P_B] + P_A + P_B) \tag{7-109}$$

当 $\rho_{ij}>0$ 时，冯元生给出了以下近似公式：

$$P_{ij} \approx (P_A + P_B)\left(\frac{\pi - \theta}{\pi}\right) \tag{7-110}$$

而董聪给出了以下近似公式：

$$P_{ij} \approx \begin{cases} \max[P_A, P_B] + \min[P_A, P_B]\left(\dfrac{\pi - 2\theta}{\pi}\right) & (\rho_{ij} \geqslant 0) \\ \min[P_A, P_B]\dfrac{2(\pi - \theta)}{\pi} & (\rho_{ij} < 0) \end{cases} \tag{7-111}$$

7.5　立体车库钢结构系统可靠性计算方法

7.5.1　对立体车库的假设

结构系统中所有元件(即梁单元的节点截面)都是纯塑性的,当元件发生破坏时,构件两端或集中力(或集中力矩)作用处变为铰接点。由于有限单元法分析中,在划分单元时,把集中力(或集中力矩)作用点作为节点,所以梁单元只可能在其两端截面处破坏。

根据增量载荷法规定,在立体车库钢结构所受的所有的外载荷中,风载荷和地震载荷视为随机变量,将其组合成一广义力 S,结构件自重和起升设备重量以及托盘重量(包括汽车重量)视为定值载荷 P 作用于结构上。假设所有结构元件均由相同材料组成,且破坏形式为塑性破坏,这样,各元件的强度极限值均为材料的屈服极限 σ_s。

在立体车库钢结构加载时,自重为结构系统的满载值,而对风载荷和地震载荷均为其满载值乘以一非常小的系数 δ(如 $\delta=0.0001$)来近似代替 S 的单位值,再作用于结构系统上,然后用有限元程序进行结构可靠性分析。

7.5.2　立体车库钢结构失效路径的概率计算

通过以上分析,所得到的安全余量方程为线性方程。对于每条失效路径的安全余量方程,各参数可以看成是相互独立的正态随机变量。对于 k 条失效路径所对应的 k 个安全余量方程如下:

$$\begin{cases} M_1=b_{11}R_1+b_{22}R_2+\cdots+b_{1m}R_m-S_1 \\ M_2=b_{21}R_1+b_{22}R_2+\cdots+b_{2m}R_m-S_2 \\ \vdots \\ M_k=b_{k1}R_1+b_{k2}R_2+\cdots+b_{km}R_m-S_k \end{cases} \tag{7-112}$$

工况一时有:

$$S_i=\frac{a_{im}F_x+a_{im}F_d}{E(a_{im}F_x+a_{im}F_d)} \tag{7-113}$$

工况二时有：
$$S_i=\frac{a_{im}F_y+a_{im}F_d}{E(a_{im}F_y+a_{im}F_d)} \tag{7-114}$$

工况三时有：
$$S_i=\frac{a_{im}F_{zx}+a_{im}F_{zy}+a_{im}F_d}{E(a_{im}F_{zx}+a_{im}F_{zy}+a_{im}F_d)} \tag{7-115}$$

式中 F_x——工况一时 x 轴负方向所受的风载；
F_y——工况二时 y 轴负方向所受的风载；
F_{zx}——工况三时风载在 x 轴负方向上的投影；
F_{zy}——工况三时风载在 y 轴负方向上的投影；
F_d——地震载荷；
a_{im}——第 i 条失效路径中最后一个失效单元所受的内应力，即第 m 单元所受的内应力；
$E(\ )$——括号中内容的数学期望。

对于第 i 条失效路径来说，其可靠度可表示为：

$$\beta_i=\frac{b_{i1}E(R_1)+b_{i2}E(R_2)+\cdots+b_{im}E(R_m)-E(L)}{\sqrt{b_{i1}^2D(R_1)+b_{i2}^2D(R_2)+\cdots+b_{im}^2D(R_m)+D(L)^2}} \tag{7-116}$$

式中 $E(\ )$、$D(\ )$——分别为括号里面内容的数学期望或方差。

则该条失效路径相对应的失效概率为：

$$P_i=1-\Phi(\beta_i) \tag{7-117}$$

由于在后面计算系统综合失效概率时需求出第 i 条失效路径和第 j 条失效路径的相关系数 $\rho(i,j)$，则：

$$\rho(i,j)=\frac{\sum_{k=1}^{m}b_{ik}b_{jk}}{\sqrt{\sum_{k=1}^{m}b_{ik}^2\sum_{k=1}^{m}b_{jk}^2}}=\cos\theta \tag{7-118}$$

θ 的几何意义在第 6 章中已讨论。

7.5.3 立体车库钢结构系统的可靠性分析与计算

从理论上讲，系统综合失效概率的计算问题目前已经解决，但要真正将成果应用于大型工程，却必须进行合理的简化 。简化的原因主要有两个：(1)计算复杂性方面的限制；(2)可实证性方面的限制。计算复杂性方面的限制是数学原因，可实证方面的限制是物理原因。

对于工程技术人员，可采用以下给出的二阶近似方法计算系统的综合失效概率。1979 年，Ditlevsen 提出系统可靠性的窄边界法。研究表明，系统二阶失效概率上下界的宽度依赖于失效模式的排序结果。通常，按 $P_1 \geqslant P_2 \geqslant \cdots \geqslant P_k$ 的顺序排列失效模式。具体公式如下：

$$P_1 + \sum_{i=2}^{k} \max(P_i - \sum_{j=1}^{i-1} P_{ij}, 0) \leqslant P_{fs} \leqslant \sum_{i=1}^{k} P_i - \sum_{j=2}^{k} \max_{j<i} P_{ij} \tag{7-119}$$

式中 P_{ij}——第 i 条失效路径与第 j 条失效路径的二阶联合失效概率。

计算 P_{ij} 的经验公式很多，这里采用董聪给出的以下公式：

$$P_{ij} = \begin{cases} \max[P_A, P_B] + \min[P_A, P_B]\left(\dfrac{\pi - 2\theta}{\pi}\right) & (\rho_{ij} \geqslant 0) \\ \min[P_A, P_B]\dfrac{2(\pi - \theta)}{\pi} & (\rho_{ij} < 0) \end{cases} \tag{7-120}$$

其中：

$$\begin{cases} P_A = \Phi(-\beta_i)\Phi\left(\dfrac{-\beta_j + \rho_{ij}\beta_i}{\sqrt{1-\rho_{ij}^2}}\right) \\ P_B = \Phi(-\beta_j)\Phi\left(\dfrac{-\beta_i + \rho_{ij}\beta_j}{\sqrt{1-\rho_{ij}^2}}\right) \end{cases} \tag{7-121}$$

Ditlevsen 界限法考虑了二阶联合失效概率，故计算精度相对较高，特别是当失效元件间的相关系数小于 0.6 时，接近精确值，因此得到广泛的应用。以下通过立体车库钢结构的可靠性分析与计算来说明。

用户先进入如图 7-4 所示的主界面，然后进入存储能力界面(图 7-5)，本程序最高取 6 层。参数输入后，进入外载输入界面(图 7-6)。选工况及 CADD 参数，如图 7-7 所示，然后进行计算，计算结果如图 7-8 所示。

图 7-4 主界面

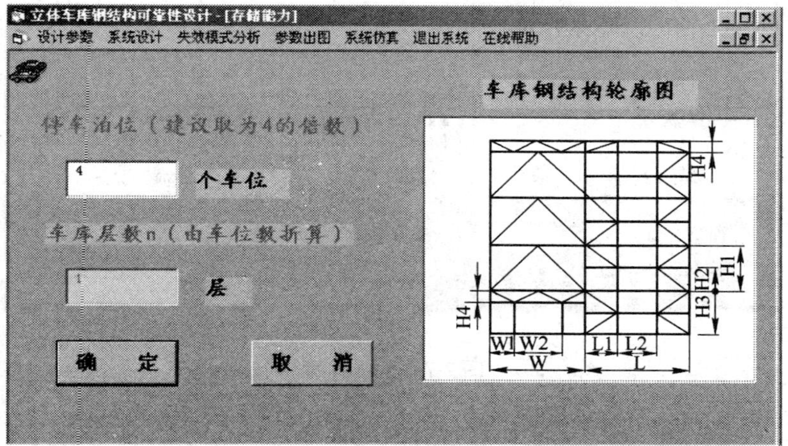

图 7-5 存储能力界面

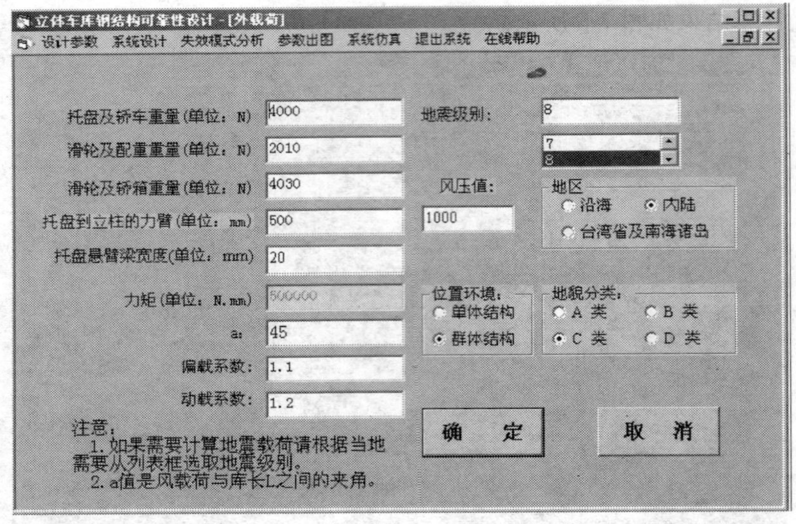

图 7-6　外载输入界面

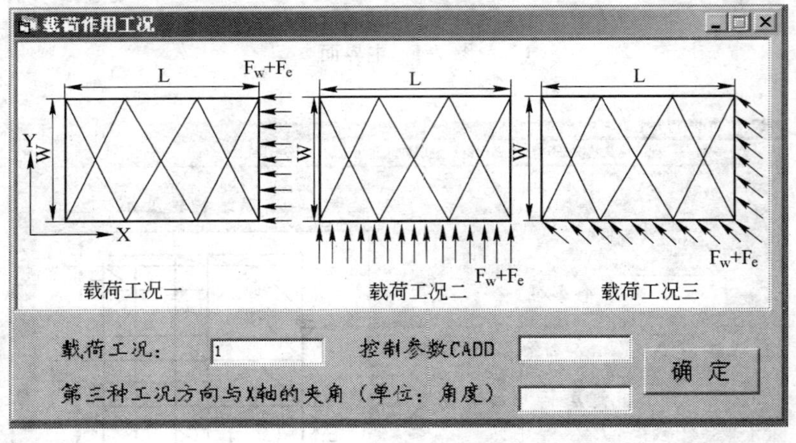

图 7-7　工况界面

当参数输入后，程序经过有限元计算并释放约束，进行结构可靠性分析，生成失效模式存放在 RESULT. TXT 文件，同时记录

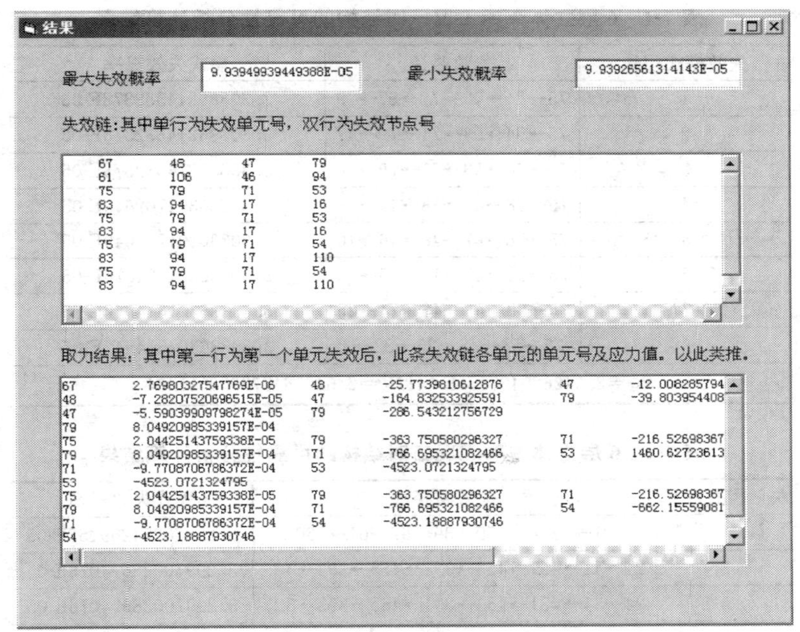

图 7-8 计算输出界面

每条失效路径的失效单元在各个增载时的内应力值，记录到 LASTSTRESS. TXT 文件中，以便于每条失效路径的安全余量方程的求解。根据上面讨论的公式 7-121 可求出钢结构系统的失效概率的上下界。计算输出界面可显示 RESULT. TXT 和 LASSTSTRESS. TXT 文件的内容，同时显示出结构系统最大失效概率 P_H 和最小失效概率 P_L 的值。其中，失效路径及失效路径窗口中，单行为失效单元，双行为失效单元产生较大内应力的节点号。在取力结果窗口中，文件以每条失效路径的形式给出各个失效单元在相对应的单元失效后程序记录的内力值。

对于 6 层立体车库的钢结构系统，当 CADD＝0.98 时，工况一时结构的可靠性分析结果见表 7-1，工况二时结构的可靠性分析计算结果见表 7-2，工况三时结构的可靠性分析计算结果见表 7-3。

表 7-1 6 层立体车库工况一时结构的可靠性分析计算结果

失效模式序号	失效路径	模式失效概率
1	75→54→53→71→67→79	3. 30336214532378E-05
2	75→54→53→71→79→47	3. 30336214532378E-05
3	75→54→53→71→79→48	3. 30336214532378E-05
4	75→58→47→48→44→46	3. 30336301702649E-05
5	75→58→47→48→46→10	3. 30336301702649E-05
6	75→58→47→10→55→45	3. 30336301694878E-05
7	75→58→48→45→74→25	3. 30336301614942E-05
8	75→58→48→25→22→3	3. 30336301614942E-05
P_H=2. 642620428851E-04; P_L=2. 64236477755001E-04		

表 7-2 6 层立体车库工况二时结构的可靠性分析计算结果

失效模式序号	失效路径	模式失效概率
1	21→52→4→59→39→67→61→127	3. 29970054269157E-05
2	24→41→451→453→391→455→393→457	3. 29970028674076E-05
3	24→41→451→453→391→455→393→323	3. 29970028674076E-05
4	24→41→451→453→391→455→395→324	3. 29970028674076E-05
5	24→41→451→453→393→323→457→325	3. 29970028674076E-05
6	24→41→451→453→393→323→457→397	3. 29970028674076E-05
7	24→41→451→453→393→324→255→397	3. 29970028674076E-05
8	24→41→451→453→393→324→397→326	3. 29970028674076E-05
9	24→41→451→453→393→324→397→325	3. 29970028674076E-05
10	24→41→452→325→329→257→261→189	3. 29970028656312E-05
11	24→41→452→325→329→257→261→190	3. 29970028656312E-05
12	24→41→452→325→329→258→189→71	3. 29970028656312E-05
13	24→41→452→326→71→34→53→98	3. 29970028656312E-05
14	24→41→453→98→123→327→259→187	3. 29970028674076E-05
15	24→41→454→187→193→191→119→122	3. 29970028656312E-05
16	27→122→10→8→88→126→62→125	3. 29970058442486E-05
17	30→125→93→115→111→147→143→75	3. 29970053936091E-05
18	30→125→5→35→54→79→36→47	3. 2997005403046E0-05
P_H=7. 93927510111516E-04; P_L=7. 9376865784028E-04		

表 7-3 6 层立体车库工况三时结构的可靠性分析计算结果

失效模式序号	失效路径	模式失效概率
1	71→53→54→75→67→79→47→48	3.24140544710749E-05
2	71→53→54→75→67→79→48→89	3.24140544710749E-05
3	71→53→54→75→79→89→151→86	3.24140578090065E-05
4	71→55→86(9)→90→120→192→86(10)	3.24948531119640E-05
P_H=1.2973477229142E-04;P_L=1.29730292097081E-04		

注:第四条失效路径共 7 个单元失效,86 单元的 9 节点先达到最大应力值释放约束后,10 节点又达到最大应力值。

对于 6 层车库来说,当 CADD=0.98 时,工况一和工况二的失效概率均大于工况三的失效概率。从有限元的角度分析,因为在工况三时,结构系统所受的力的方向比工况一、工况二的受力方向倾斜一个角度,故结构单元所受内应力较小,失效的可能性也越小。分析结果也验证了这一点。

以上分析工况一的失效路径的长度设定为 6,当设定为 8 时,结构系统会蜕变为机构(有限元分析出现单刚矩阵对角元素为零的现象)。以下分析当失效路径的长度为 7 时的情况,结果如表 7-4所示。从表 7-1 和表 7-4 的对比可以看出,当失效路径的长度较大时,失效模式数会减少,结构系统的失效概率会小,所以,失效路径的长度的选取对系统失效概率的计算结果有影响。原则上,在结构整体承载能力未出现下降的情况下,失效路径的长度取得越大越好。

表 7-4 6 层立体车库工况一时失效路径为 7 的情况下结构可靠性分析计算结果

失效模式序号	失效路径	模式失效概率
1	75→54→53→71→67→79→47	3.30127635287392E-05
2	75→54→53→71→67→79→48	3.30127635287392E-05
3	75→54→53→71→79→47→48	3.30127635287392E-05
4	75→54→53→71→79→48→461	3.30127635287392E-05

续表 7-4

失效模式序号	失效路径	模式失效概率
5	75→54→53→71→79→48→465	3.30127635287392E-05
6	75→58→44→46→10→55→45	3.30127722424356E-05
P_H=1.98071947481689E-04;P_L=1.98059180872502E-04		

同时,分析时会发现,对于同样的 6 层立体车库,在工况一的情况下,CADD=0.95 时,结构系统可靠性分析结构如表 7-5 所示。对比表 7-1 和表 7-5,CADD 取值越大,结构系统的失效概率会越小,结构系统的可靠度也越高。因此,在其他条件不变的情况下,分析结构可靠性时,根据精度的要求不同所取的 CADD 也会不同。

表 7-5　6 层立体车库工况一时 CADD=0.98 的情况下结构可靠性分析计算结果

失效模式序号	失效路径	模式失效概率
1	67→48→47→71→53→54	3.30336215397242E-05
2	67→48→47→71→79→54	3.30336215397242E-05
3	67→48→47→71→79→75	3.30336215397242E-05
4	67→48→47→79→54→75	3.30336215397242E-05
5	67→48→47→79→75→461	3.30336215397242E-05
6	67→48→47→79→75→465	3.30336215397242E-05
7	67→52→39→41→20→49	3.30336316675117E-05
8	75→49→40→18→20	3.30683017841782E-05
9	75→49→40→37→20	3.30683017841782E-05
10	75→49→40→82→20	3.30683017841782E-05
11	79→20	3.36673515766330E-05
P_H=3.64096957290421E-04,P_L=3.640434448336295E-04		

这里,主要讨论一下 CADD 对失效概率的影响。CADD 的取值应有一个“度”的界定。取得太大或太小都会影响实际情况与计

算结果的偏差。CADD 取得太大，则会漏掉部分主要失效模式，这样，虽然失效概率的计算结果看起来较小，但并没有真正反映出系统实际失效概率情况。若 CADD 取得太小，就会出现很多伪失效模式，虽然失效概率的计算结果较大，但实际并非如此，影响了人们对实际结果的正确的估计。所以 CADD 的取值非常重要，需要根据不同的研究对象进行大量的算例分析和验证。

表 7-6 是立体车库为 2 层、CADD＝0.98、工况一时的分析结果。与表 7-5 进行分析对比可以看出，其失效概率要比相同情况下 6 层立体车库钢结构的失效概率小。同时，失效模式个数也少，并且失效路径的长度也小。这种分析结果与实际情况也是相符的，因为，6 层立体车库钢结构系统的单元数要比 2 层立体车库钢结构系统的单元数多，同样，可能失效的元件也相应增多，其失效概率自然也较大。

表 7-6　2 层立体车库工况一时 CADD＝0.95 的情况下结构可靠性分析计算结果

失效概率	失效路径	模式失效概率
1	67→48→47→79	3.31320350906994E-05
2	75→79→71→53	3.31320638805588E-05
3	75→79→71→54	3.31320638814470E-05
P_H＝9.93949939449388E-05，P_L＝9.93926561314143E-05		

通过以上分析可以看出，本书分析结果基本达到预期目的，所采用的方法是可行的，通过算例已得到验证。

参考文献

1 杨瑞刚. 大型钢结构系统失效模式与系统可靠性研究:[硕士学位论文]. 太原:太原科技大学,2004
2 孙志礼. 实用机械可靠性设计理论与方法. 北京:科学出版社,2003
3 孟宪铎. 机械可靠性设计. 北京:冶金工业出版社,1992
4 孙新利. 工程可靠性教程. 北京:国防工业出版社,2005
5 姜兴渭. 可靠性工程技术. 哈尔滨:哈尔滨工业大学出版社,2005
6 可靠性文集. 北京:航空工业出版社,1989
7 吕顺祥. 系统质量与可靠性工程. 北京:解放军出版社,1988
8 张栋. 失效分析. 北京:国防工业出版社,2003
9 梅文华. 可靠性增长试验. 北京:国防工业出版社,2003
10 金星. 工程系统可靠性数值分析方法. 北京:国防工业出版社,2002
11 陈晓彤. 可靠性实用指南. 北京:北京航空航天大学出版社,2005
12 金伟娅. 可靠性工程. 北京:化学工业出版社,2005
13 李洪兴. 工程模糊数学方法及应用. 天津:天津科学技术出版社,2003
14 徐格宁,杨瑞刚. 立体车库钢结构失效模式及失效概率计算. 起重运输机械,2004,(3)
15 徐格宁,杨瑞刚. 越界参数 CAP 对大型钢结构系统可靠性分析的影响. 机械工程学报,2005,(12):130～134
16 蒋维城. 固体力学有限元分析. 北京:北京理工大学出版社,1989
17 安伟光. 结构系统可靠性和基于可靠性的优化设计. 北京:国防工业出版社,1997
18 董聪. 现代结构系统可靠性理论及其应用. 北京:科学出版社,2001
19 徐克晋. 金属结构. 第二版. 北京:机械工业出版社,1990
20 张相庭. 高层建筑抗风抗震设计计算. 上海:同济大学出版社,1997
21 徐格宁. 起重运输机金属结构设计. 北京:机械工业出版社,1997
22 王建民. 立体车库大型钢结构有限元可靠性失效模式分析研究:[硕士学位论文]. 太原:太原重型机械学院,2001
23 龙驭球. 结构力学. 北京:高等教育出版社,1985
24 董聪. 现代结构系统可靠性理论:[博士学位论文],1993
25 Borges F J. Final Report. Ivth Congress. International Association for Bridge and Structural Engineering. Cambridge,1952
26 Freudenthal A M . Trans. ASCE. ,112(1947): 125～159
27 谢贻权等. 弹性和塑性力学中的有限单元法. 北京:机械工业出版社,1981
28 宋甲宗,石永铎. 物流机械化技术. 北京:机械工业出版社,1990

29 徐格宁. 新型汽车自动立体车库系统技术开发. 太原重型机械学院,1995,(5)
30 机械工业局起重运输机械研究所. 日本工业标准 JIS:立体自动化仓库系统设计的一般规则(B8940—1978),General Design Rules for Automatic Highrised Warehouse
31 北京南光燕山立体车库有限公司. 机械式停车设备,1996
32 建设部北京建筑机械综合研究所. 停车与设备,1998
33 许继集团有限公司(昌威自动化停车设备有限公司). 立体停车设备,1996
34 US-202B & US303UB 滚珠螺杆式立体停车库. UNITED STARRY INDUSTRIAL CO. ,LTD.
35 任伯森. 关于发展机械式停车设备的几点看法. 起重运输机械,1998,(9)
36 南纪. 且看日本、香港停车场. 法制日报,1996,2,14
37 李沉. 立体停车库——给汽车找个家. 经济与信息
38 任少云. 立体车库钢结构有限元分析:[硕士学位论文]. 太原:太原重型机械学院工程机械系,1995
39 张卫明. 自动化立体仓库货架钢结构 CAD 优化设计与有限元分析:[硕士学位论文]. 太原:太原重型机械学院工程机械系,1998
40 胡光明. CBD 路外停车场(库)的多目标规划. 武汉城市建设学院学报,1992,9(1~2):35~43
41 周继胜. 基于可靠性的结构鲁棒设计. 上海交通大学学报,2000,34(1):60~62
42 刘伯权等. 建筑结构抗震设计. 北京:中国建材工业出版社,1996
43 吴巧玲,叶庆泰. CBD 社会公共停车场选址优化问题的研究. ICMH/ICFP 论文集,1999
44 XU GENIING. The Analysis and Design of Steel Structure for Space Parking System of Automobile. ICC&IE 论文集,1999
45 徐格宁. 垂直升降式立体停车库钢结构设计计算. 起重运输机械,2000,(2)
46 徐格宁,高梅香,王建民. 立体车库钢结构有限元参数化建模与动静态分析. 第 1 届国际机械工程学术会议论文集,2000
47 基于几何特征的高层车库钢结构参数绘图方法. 第 1 届国际机械工程学术会议论文集
48 高层停车库钢结构 CAD/CAE 软件系统集成研究. 第 1 届国际机械工程学术会议论文集
49 Visual Basic 5. 0 中文版程序设计. 北京:清华大学出版社,1997
50 Visual Basic 6. 0 中文版编程指南. 北京:人民邮电出版社,1999
51 刘鸿文. 材料力学. 第二版. 北京:高等教育出版社,1982
52 岳清瑞. 工业厂房钢结构可靠性评估软件的开发. 工业建筑,1998,28(6):14~16